FORSCHUNGSBERICHTE DES LANDES NORDRHEIN-WESTFALEN
Nr. 2349

Herausgegeben im Auftrage des Ministerpräsidenten Heinz Kühn
vom Minister für Wissenschaft und Forschung Johannes Rau

Dipl.-Ing. Oskar Becker

Institut für textile Meßtechnik M. Gladbach e.V.

Die Ansprechempfindlichkeit einiger elektronischer Garnreiniger

Springer Fachmedien Wiesbaden GmbH 1973

ISBN 978-3-531-02349-6   ISBN 978-3-663-19797-3 (eBook)
DOI 10.1007/978-3-663-19797-3

© 1973 by Springer Fachmedien Wiesbaden

Ursprünglich erschienen bei Westdeutscher Verlag , Opladen 1973

Gesamtherstellung: Westdeutscher Verlag

Inhalt

1. Vorwort 5
2. Einleitung 5
   - 2.1 Aufgabenstellung 6
   - 2.2 Versuchsgarne 7
   - 2.3 Die Reiniger 8
   - 2.3.1 Kundert 8
   - 2.3.2 Loepfe 8
   - 2.3.3 Newmark 9
   - 2.3.4 Peyer 9
   - 2.3.5 Zellweger 9
3. Versuchsdurchführung 10
4. Ergebnisse und Auswertungen 11
   - 4.1 Dickstellensignal 12
   - 4.2 Impulshöhe 13
   - 4.3 Impulslänge 13
   - 4.4 Ansprechkennlinien 14
   - 4.4.1 Kundert 14
   - 4.4.2 Loepfe 15
   - 4.4.3 Newmark 15
   - 4.4.4 Peyer 16
   - 4.4.5 Zellweger 16
5. Störung durch Fremdeinflüsse 16
6. Zusammenfassung 18

Tabelle 19

Abbildungen 20

1. Vorwort

Im Zuge der allgemeinen technischen Entwicklung sind auch auf dem Gebiet der Garnreinigung erhebliche Fortschritte zu verzeichnen. Die seit langem übliche mechanische Garnreinigung wurde ergänzt und zum Teil ersetzt durch die sogenannte elektronische Reinigung. Dabei treten hochkomplizierte Einrichtungen elektronisch-feinmechanischer Art an die Stelle der bisher verwendeten einfachen mechanischen Geräte, beispielsweise der Schlitzreiniger. Der Reinigungseffekt dieser neuen elektronischen Einrichtungen wurde bereits häufig untersucht. Verschiedene Autoren befaßten sich mit dem Wirkungsgrad, der zweckmäßigen Einstellung in Bezug auf optimale Reinigung, mit der Beschreibung und Klassierung von Dickstellen und verwandten Fragen, so daß die textiltechnologische Seite des Problems aus allen Richtungen beleuchtet wurde. Die meßtechnische Durchleuchtung der Funktion elektronischer Garnreinigungsgeräte wurde bisher nicht durchgeführt, bzw. liegen darüber keine allgemein zugänglichen Veröffentlichungen vor. Das Institut für textile Meßtechnik folgte deshalb gern der von verschiedener Seite gegebenen Anregung, einschlägige Untersuchungen durchzuführen.

Wenn auch die Reinigungstechnik seit Beginn der Versuche fortgeschritten ist und die untersuchten Reiniger nicht mehr zu den neuesten Modellen gehören, so sind diese Geräte doch noch vielfach im praktischen Einsatz. Darüberhinaus kommt den durchgeführten Untersuchungen, auch wegen des eingesetzten neuartigen Verfahrens, eine grundlegende Bedeutung zu.

Das Institut für textile Meßtechnik und der Verfasser danken dem Herrn Ministerpräsidenten des Landes Nordrhein-Westfalen, Landesamt für Forschung, für die Ermöglichung der Durchführung des Vorhabens durch Gewährung eines finanziellen Zuschusses, den Reinigerherstellern für die freundliche Überlassung der Geräte, an denen gemessen wurde und für fruchtbare Diskussionen, den beteiligten Mitarbeitern des Instituts für textile Meßtechnik, insbesondere Herrn Ing. grad. U. Schneider, für ihre Hilfe.

2. Einleitung

Beim Spinnen von Garnen aus Fasern endlicher Länge wird es, aus theoretischen Gründen, die durch die Zufallsgesetze gegeben sind und sich mit Hilfe der mathematischen Statistik überblicken lassen, niemals möglich sein, ein absolut gleichmäßiges Gespinst zu erzeugen. Die auf den Garnquerschnitt bezogene Masse schwankt von Garnelement zu Garnelement um einen Mittelwert. Eine solche Schwankung bezeichnet man allgemein als Garnungleichmäßigkeit. Extrem starke Abweichungen im Sinne einer Querschnittsvergrößerung, die zudem relativ selten auftreten, bezeichnet man als Dickstellen. Ob diese stören, hängt vom Verwendungszweck des Garnes ab. Es sind Fälle denkbar, in denen Dickstellen erwünscht sind, während sie beim Einsatz für einen anderen Zweck gerade

noch geduldet werden und die Verwendung des Garnes an einer
dritten Stelle vollkommen ausschließen. In vielen Fällen ist es
zweckmäßig, die Dickstellen aus dem Garn zu entfernen. Das geschah ursprünglich mit mechanischen Reinigern, deren typischer
und am weitesten verbreiteter Vertreter der Schlitzreiniger ist.
Er streift lose auf dem Faden sitzende Dickstellen ab und führt
einen Fadenbruch herbei, wenn eine grobe Dickstelle, die innig
mit dem Faden verbunden ist, die durch die Schlitzbreite gegebene Toleranzgrenze überschreitet. Eine Reihe von Mängeln der mechanischen Reinigungsgeräte führte dazu, daß sie, besonders bei
hohen Anforderungen an die Dickstellenfreiheit der Garne, durch
elektronisch arbeitende Einrichtungen ersetzt wurden. Bei diesen
durchläuft der Faden eine Abtasteinrichtung, welche, im allgemeinen berührungslos, die Größe des Garnquerschnitts im Tastkopf feststellt. Beim Überschreiten einer Toleranzgrenze spricht
eine Fadentrennvorrichtung an und durchschneidet den Faden.

Die Grenze läßt sich, im allgemeinen zentral für mehrere Reinigungsstellen gemeinsam, an einem Steuergerät einstellen.

Charakteristisch für eine Reihe elektronischer Garnreiniger und
einer der wesentlichen Unterschiede gegenüber den mechanischen
Reinigern ist ihre Eigenschaft, auch eine Auswahl nach der Dickstellenlänge treffen zu können.

Die nähere Betrachtung der textiltechnologischen Seite des Dickstellenproblems führte zu der Erkenntnis, daß eine Dickstelle
um so störender bei der Weiterverarbeitung wirkt, je länger sie
ist, d. h. daß eine kurze dicke Stelle ebenso beseitigt werden
muß wie eine im Querschnitt erheblich kleinere, dafür aber längere. Ist diese kleinere Dickstelle jedoch kürzer, so kann sie
unter Umständen geduldet werden. In ganz grober Annäherung läßt
sich sagen, daß die störende Größe einer Dickstelle durch ihr
Volumen, d. h. das Produkt aus Querschnitt und Länge gegeben ist.
Dem Reiniger wird also eine relativ komplizierte Entscheidung
abverlangt. Das Gerät, welches diese Entscheidung treffen soll,
muß dabei unter strenger Beachtung wirtschaftlicher Grundsätze
aufgebaut sein, zumal es ja nur ein Zubehörteil zur Spulmaschine
ist. Bei seiner Konstruktion müssen deshalb eine Reihe von Vereinfachungen vorgenommen werden, die stets gewisse Abweichungen
von der an sich idealen Funktion mit sich bringen. Wieweit solche Abweichungen in tragbaren Grenzen bleiben und wie sich die
verschiedenen Reinigertypen in dieser Hinsicht unterscheiden,
war Thema der Untersuchungen, über deren Ergebnisse nachstehend
berichtet werden soll.

2.1 Aufgabenstellung

Handelsübliche elektronische Garnreiniger sollen bezüglich ihrer
Ansprechempfindlichkeit untersucht werden. Dabei sind den Reinigern Dickstellen vorzulegen und die folgenden Fragen zu beantworten:

Wie sieht die Dickstelle, besonders bezüglich ihres Querschnitts
und ihrer Länge aus?

Wie sieht der Reiniger die Dickstelle?

Wie reagiert der Reiniger auf die Dickstelle?

Die Beantwortung der ersten Frage wird am einfachsten möglich sein, wenn in einem an sich gleichmäßigen Garn Dickstellen genau bekannter und auch reproduzierbarer Größe bezüglich Querschnitt und Länge hergestellt werden.

Die zweite Frage bezieht sich auf den Eindruck, den der Reiniger von der Dickstelle empfängt. Es handelt sich dabei um ein elektrisches Signal, den Spannungsverlauf eines elektrischen Impulses also, der nach Amplitude, Zeitdauer und Form beschrieben werden kann. Zweckmäßigerweise sollte hier derjenige Impuls betrachtet werden, der möglichst im abtastenden Organ selbst oder so dicht wie möglich dahinter entsteht.

Die Reaktion des Reinigers auf einen solchen von einer Dickstelle erzeugten Impuls hat rein binären Charakter. Der Reiniger spricht an oder nicht. Es wird sich also darum handeln, gleichzeitig mit dem Dickstellenimpuls ein Signal über das Ansprechen des Reinigers zu bilden und festzuhalten.

Die Auswertung der Versuche soll aufzeigen, welchen Einfluß Veränderungen an der Reinigereinstellung auf das Ansprechen nehmen. Außerdem ist festzustellen, ob Fremdeinflüsse die Reinigerfunktion beeinträchtigen.

2.2 Versuchsgarne

Es erschien von vornherein nicht vorteilhaft, für die Versuche normale Garne einzusetzen. Diese sind wohl mit Dickstellen behaftet, deren Größe aber im allgemeinen statistischen Gesetzen unterliegen. Es müßte also eine große Menge Garn durch jeden Reiniger laufen, wobei der Trennvorgang zu unterbinden wäre, bis eine genügende Anzahl von Dickstellen den Meßschlitz passiert hätte. Alle diese Dickstellen wären anschließend auszumessen und mit der dazugehörigen Notiz über die Reaktion des Reinigers zu vergleichen. Es ist dabei durchaus fraglich, ob eine Dickstelle, wie sie üblicherweise im Garn zu finden ist, nach dem Passieren des Reinigers und der bei solchen Versuchen erforderlichen Fadentransport- und Umlenkstellen noch die gleiche Gestalt und Größe hat, wie im Schlitz des Reinigers.

Die im Rahmen der durchgeführten Versuche zu verwendenden Garne müßten auch äußerst widerstandsfähig sein. Es sollte möglich sein, diese Garne, die an sich von sehr guter Gleichmäßigkeit sein müssen, mit Dickstellen wählbarer Größe zu versehen, wobei zweckmäßigerweise nur eine einzige Dickstelle in einer Garnlänge von etwa 15 m unterzubringen war. Ein solches Garnstück kann zu einer endlosen Schleife zusammengeknotet und im Rundlauf, angetrieben durch ein Transportgerät, durch den Meßschlitz des jeweils zu testenden Fadenreinigers geführt werden.

Ein Faden mit den erforderlichen Eigenschaften wurde in Form eines geflochtenen Schlauches der Feinheit 57,1 tex gefunden. Ein solcher Schlauch, der aus synthetischem Endlosgarn besteht, genügt bezüglich seiner Gleichmäßigkeit sehr hohen Anforderungen. Während dieser Faden im gespannten Zustand eine geschlossene Oberfläche hat, öffnete sie sich, wenn er in Längsrichtung zusammengeschoben wird. Es kann dann leicht eine Nähnadel in das Fadeninnere eingeführt werden, mit deren Hilfe sich ein beliebiges anderes Textilmaterial in den Schlauch einziehen läßt. Beim

erneuten Anspannen schließt sich die Fadenoberfläche wieder und
der in den Faden eingebrachte Fremdkörper zeichnet sich als
äußere Fadenverdickung ab. Auf die beschriebene Weise ließen
sich im eingesetzten Flechtschlauch Fadenverdickungen erzeugen,
deren Querschnitt bis zum siebenfachen des reinen Fadens reicht
und deren Länge beliebig weit ausgedehnt werden kann. Es ließen
sich Dickstellen mit plötzlichen Querschnittsveränderungen wie
auch solche mit langsamem Querschnittsanstieg erzeugen. Die
Abb. 1 zeigt, stark vergrößert, einen Übergang vom ungestörten
Fadenquerschnitt zur Dickstelle, die in der beschriebenen Weise
angefertigt wurden.

2.3 Die Reiniger

Es standen insgesamt fünf Reinigertypen zur Verfügung, und zwar
Produkte der Firmen:

Kundert, Loepfe, Newmark, Peyer, Zellweger.

Das Gerät des an letzter Stelle genannten Herstellers arbeitet
mit kapazitiver Abtastung des Fadenquerschnittes, die vier anderen Hersteller wenden die fotoelektrische Methode an. Eine eingehendere Beschreibung der einzelnen Geräte wird nachstehend,
in alphabetischer Reihenfolge der Herstellernamen, gegeben.

2.3.1 Kundert

Es fand die Type OPTAFIL dieser Firma Verwendung. Das Gerät ist
auf Abb. 2 dargestellt. Es besteht aus einer Verstärkereinheit,
an die, je nach Ausstattung, 10 bis 24 Reinigungsköpfe angeschlossen werden können. Nach Angaben der Herstellerfirma hat man besonderen Wert auf einen einfachen Aufbau der Schaltung gelegt,
um auf diese Weise eine gewisse Wartungsfreundlichkeit zu erzielen. Man sah es als Vorteil an, auf eine Einstellmöglichkeit
für die Länge der herausgesuchten Dickstellen zu verzichten. Es
ist lediglich ein einziger Drehknopf vorhanden, mit welchem, auf
einer relativ grob unterteilten Skala, der Querschnitt der Dickstellen stufenlos eingestellt werden kann. Die Abtastung erfolgt fotoelektrisch. Nach Herstellerangaben arbeitet das Gerät
bei Raumtemperaturen zwischen 10°C und 35°C einwandfrei, ist
von der Raumfeuchte unabhängig und kann Garne mit einer Feinheit
zwischen Ne 10 (ca. 60 tex) und Ne 100 (ca. 6 tex) reinigen.
Für die Zwecke der Untersuchung wurde die vom Hersteller vorgesehene, in 10 Stufen geteilte Skala durch eine Winkelskala mit
genauer Ablesemöglichkeit ersetzt, um sichere Meßwerte zu erhalten. Die bei den Messungen festgehaltenen Winkelwerte wurden im
Zuge der Auswertung durch die Original-Skalenwerte ersetzt.

2.3.2 Loepfe

Es wurde die Type PFR-3 dieses Herstellers getestet (Abb. 3).
Sie besteht aus drei Teilen, einem zentralen Steuergerät, an
das 10 oder 30 Reiniger angeschlossen werden können, einer jeder
Spulstelle zugeordneten Elektronikeinheit und einer Tastoptik mit
Trennmesser. Die angewendete Digitaltechnik soll es möglich machen, den eingestellten Reinigungsgrad auch über lange Betriebszeiten konstant zu halten.

Die Einstellung des Reinigungsgrades erfolgt über 4 Drehknöpfe, bei Loepfe "Selektoren" genannt, einer davon mit Doppelskala, so daß insgesamt 5 Einstellungen vorzunehmen sind. Der L-Selektor dient der Einstellung der Fehlerlänge sowie der Eingabe der Spulgeschwindigkeit, der N-Selektor ermöglicht Einstellungen im Bereich kurzer, noppenförmiger Verdickungen, der D-Selektor dient der Einstellung des minimalen Durchmessers im Bereich der langen Garnfehler und mit dem C-Selektor wird die Doppelfadensperre justiert.

Der Reiniger besitzt eine Einlaufsperre, die verhindern soll, daß die Schneidevorrichtung anspricht, wenn ein Faden eingelegt wird. Erst der durch den Reiniger laufende Faden, dessen Ungleichmäßigkeit gemessen und auf einem Zeigerinstrument angezeigt wird, hebt diese Einlaufsperre auf, wenn am Anzeigeinstrument ein Ausschlag von mindestens 100 μA erscheint. Die während der Untersuchungen verwendeten Garne waren so gleichmäßig, daß die Einlaufsperre nicht automatisch aufgehoben wurde, sondern, durch elektrische Maßnahmen, wirkungslos gemacht werden mußte. Diese Eingriffe in das Gerät beeinträchtigten die eigentliche Funktion in keiner Weise.

2.3.3 Newmark

Es wurde das in Abb. 4 gezeigte Gerät Newmark-Linra "Microgate" untersucht. Der Hersteller bezeichnet den Reiniger als fotoelektrisches Mikrometer. Es soll unabhängig von der Garnart, der Durchlaufgeschwindigkeit sowie der Farbe und dem Feuchtigkeitsgehalt des Garnes sein. Die Reinigungsanlage besteht aus einer Steuereinheit und einzelnen Meßköpfen. Je Steuereinheit können 10 Meßköpfe betrieben werden. Weiterhin ist eine Stromversorgungseinheit erforderlich, die 50 Verstärker speisen kann. Es sind Einstellungsmöglichkeiten für die Fehlerdicke und die Fehlerlänge vorhanden. Dieser Reiniger soll in der Lage sein, Garndicken absolut zu messen.

2.3.4 Peyer

Der optisch-elektronische Fadenreiniger Peyerfil besteht aus einem Netzgerät, an welches maximal 25 Reinigungsköpfe angeschlossen werden können. Er ist in Abb. 5 dargestellt. Die Einstellung des Reinigungsgrades erfolgt über einen einzigen 22-stufigen Empfindlichkeitsregler am Netzgerät. Weitere Einstellungsmöglichkeiten sind nicht vorhanden.

2.3.5 Zellweger

Der Zellweger-Reiniger "Uster-Automatik" Typ UAM arbeitet mit kapazitiver Abtastung des zu reinigenden Garnes. Er besteht aus einem Speisegerät, an welches bis zu 12 Reinigungsköpfe angeschlossen werden können. Zu jedem Reinigungskopf gehört weiterhin je eine im gesonderten Gehäuse untergebrachte Elektronik (Abb. 6).

Der Reiniger muß sowohl der Art des zu reinigenden Garnes wie der Größe der auszureinigenden Fehler angepaßt werden. Das geschieht mittels dreier Einstellknöpfe. Einer davon ist mit einer Doppelskala versehen und dient zur Auswahl der Materialart.

Die diesbezügliche Skala ist in 10 Teile geteilt. Der zu wählende Wert läßt sich aus einer gesondert beigegebenen Tabelle ablesen. Der Einstellstrich einer drehbaren Skala wird auf die erforderliche Materialkennzahl gerichtet. Auf der drehbaren Skala wird dann die Garnfeinheit gewählt, indem die Einstellmarke des Drehknopfes entsprechend justiert wird.

Die Einstellung der Reinigungsempfindlichkeit erfolgt über 2 Drehknöpfe, von denen einer, "Sensitivity", angibt, welche Dickstellenquerschnitte zum Ansprechen des Reinigers führen sollen, während der 2. Knopf, "type of fault", sich auf die Länge der Dickstelle bezieht. Die zugehörige Skala ist im Zeitmaß, in ms, geteilt. Sie gibt die Durchlaufzeit des Fehlers durch den Reiniger an, welche sowohl von der Fehlerlänge wie von der Garngeschwindigkeit abhängig ist. Auch diese Einstellung kann anhand einer Tabelle vorgenommen werden.

3. Versuchsdurchführung

Der durch Zusammenknoten endlos gemachte, eine Dickstelle bekannter Größe tragende Faden mußte im Rundlauf so transportiert werden, daß die Dickstelle wiederholt durch den zu untersuchenden Fadenreiniger lief. Dabei sollten die interessierenden Angaben über Impulsform und Reinigerreaktion festgehalten werden.

Eine schematische Darstellung des Prüfstandes ist mit Abb. 7 wiedergegeben. Das regelbare Antriebsaggregat (A) treibt den Faden über die Oberfläche seiner Trommel mit einer bis 1000 m/min einstellbaren Geschwindigkeit an. Um den Faden zu schonen, wurde auf eine Druckrolle verzichtet und zur besseren Übertragung der Antriebsenergie der Faden in einer 4fachen Schlaufe geführt, wobei er über die 4 Umlenkrollen (U) lief, die gleichzeitig für eine konstante Zugspannung im Faden sorgten. Der zu testende Fadenreiniger (R1) war elektrisch mit dem anzeigenden Oszillograph (O) verbunden, wobei über eine Leitung das von der Dickstelle im Reiniger verursachte Signal, über eine zweite der Schneideimpuls geleitet wurde. Auf dem anzeigenden Zwei-Strahl-Oszillograph erschien gleichzeitig das vom Reiniger gesehene Bild der Dickstelle sowie ein Merkmal, aus welchem zu ersehen war, ob der Reiniger angesprochen hat oder nicht. Die Fadentrennvorrichtung war bei allen eingesetzten Reinigern außer Betrieb. Der Schneideimpuls erreichte den Schneidemagneten, doch dieser war entweder mechanisch verriegelt oder der Schneideanker bzw. das Messer waren entfernt worden.

Auf dem Oszillographenschirm sollte die Dickstelle sowohl nach Durchmesser wie nach Länge vergrößert erscheinen. Das bedeutete, daß die seitliche Ablenkung des Lichtpunktes auf dem Leuchtschirm mit einer höheren Geschwindigkeit erfolgen mußte als die Transportgeschwindigkeit der Dickstelle selbst betrug. Dabei mußte die Bewegung des Leuchtpunktes schon kurz bevor die Dickstelle in den Meßkopf des Reinigers eintrat, ausgelöst werden. Diese "Triggerung" besorgte der in der Fadenschlaufe stets vorhandene Knoten über einen Reiniger (R2), der so empfindlich eingestellt war, daß er bei jeder Dickstelle und jedem Knoten ansprach. Der dabei ausgelöste elektrische Impuls wurde als Triggersignal verwendet, das vor dem Eintritt der Dickstelle in den zu testenden Reiniger (R1) den Kippvorgang auslösen mußte. Der geeignete zeitliche Zusammenhang ließ sich durch seitliches Verstellen des

Triggerreinigers (R2) grob einstellen, die genaue Einjustierung der Lage des von der Dickstelle im zu testenden Reiniger (R1) ausgelösten Bildes erfolgte durch feinfühliges Verschieben dieses Reinigerkopfes, welcher auf einem mit Zahntrieb einstellbaren Schlitten befestigt war. Beide Verdickungen, die künstlich erzeugte Dickstelle wie auch der Knoten, lösten in beiden Reinigern Signale aus. Durch geeignete Anordnung ihrer Lage im Faden wurde erreicht, daß auf dem Schirm des Oszillographen nur dann das Signal der Dickstelle erschien, wenn der Knoten durch R2 lief. Die Dickstelle erzeugte in R2 zwar auch ein Signal, während des dadurch ausgelösten Strahlkippes befand sich im R1 aber stets der ungestörte Faden, es wurde also eine Nullinie sichtbar.

Mit der geschilderten Einrichtung wurden bei Fadengeschwindigkeiten von 400 m/min, 700 m/min und 1000 m/min mit Dickstellen verschiedenen Querschnittes sowie unterschiedlicher Länge die fünf verfügbaren Reinigertypen untersucht. Die Einstellung der Reiniger wurde stets so gewählt, daß sich die Ansprechgrenze erfassen ließ. Je Einstellung erfolgten etwa 20 visuelle Beurteilungen. Wenn diese die Sicherheit der Einstellung erkennen ließen, wurden von 3 Durchläufen Aufnahmen gemacht. Das Schirmbild wurde fotografiert, wobei der Triggerimpuls über den Blitzkontakt der Kamera laufen mußte. Durch geeignete Wahl der Belichtungszeit ließ sich erreichen, daß je Foto nur ein einziger Dickstellenimpuls erfaßt wurde. Es wurden insgesamt über 11.000 Schirmbildfotos gemacht.

4. Ergebnisse und Auswertungen

Das im Reiniger entstehende und auf dem Bildschirm des Oszillographen sichtbar werdende Signal sollte ein genaues Abbild der durch den Reiniger laufenden Dickstelle sein. Dabei mußte die Länge des Bildes, die dem Oszillographenschirm im Zeitmaß zu entnehmen ist, so groß sein, wie sich aus Dickstellenlänge und Durchlaufgeschwindigkeit errechnen läßt. Die Höhe des Abbildes, eine elektrische Spannung, hängt von den jeweiligen technischen Gegebenheiten des Reinigers ab. Ihre absolute Größe ist nicht von Interesse, wichtig ist jedoch der maßstäbliche Zusammenhang zwischen Dickstellenquerschnitt und Bildhöhe.

Die Begutachtung der aufgenommenen Fotos ließ sofort erkennen, daß immer Abweichungen des Reinigersignals vom tatsächlichen Dickstellenbild gegeben sind. Das ist zunächst durch den Reinigeraufbau bedingt. Die Meßstrecke, innerhalb derer der durchlaufende Faden fotoelektrisch oder kapazitiv abgetastet wird, hat stets eine endliche Länge. Unter der Voraussetzung, daß die Reinigerempfindlichkeit über die ganze Ausdehnung der Abtaststrecke gleich ist und auch die Dickstelle über ihre gesamte Länge einen konstanten Querschnitt hat, kann das Bild der Dickstelle im Reiniger nur solange eine horizontale obere Abschlußlinie haben, wie der Reiniger auf seiner ganzen Abtastlänge von der Dickstelle ausgefüllt wird. Während des Einlaufens der vorderen Flanke der Dickstelle, auch wenn diese senkrecht ist, steigt der Füllungsgrad der Abtaststrecke nur allmählich an – entsprechend sind die Verhältnisse beim Auslaufen des Dickstellenendes – so daß das Dickstellenbild stets schräge Flanken haben muß. Die Form der Flanken hängt vor allem von der Länge der Abtaststrecke ab. Auch die Dickstellenflanken sind von Einfluß, jedoch erstrecken diese sich, verglichen mit der Abtastlänge der Reiniger, über eine vernachlässigbar kurze Länge. Die Flankenform kann weiterhin durch örtliche Empfindlichkeitsunterschiede im Abtastfeld des Reinigers sowie durch elektrische Dämpfungsmaßnahmen verändert werden.

4.1 Dickstellensignal

Die Abb. 8 bis 12 zeigen typische Dickstellenbilder der verschiedenen Reiniger. Es wurden dabei Dickstellen, die den Sollquerschnitt um 300 % überschritten (Gesamtquerschnitt also 400 %) und zwischen 1 und 6 cm lang waren, bei 400 m/min, 700 m/min und 1000 m/min Fadengeschwindigkeit getestet. Beim Vergleich der Bilder ist zu beachten, daß sowohl die Zeitmaßstäbe für die Impulslänge wie die Empfindlichkeitsmaßstäbe für die Impulshöhe unterschiedlich sind. Am saubersten sind die Dickstellen in den Abb. 9 und 12 für die Reiniger FR3 und Uster Automatik wiedergegeben. Leichte Verzerrungen zeigen die Abb. 10 und 11 für den Linra-Reiniger und den Peyerfil-Reiniger. Starke Verzerrungen zeigt der Reiniger Optafil, Abb. 8. Bei ihm wirken Einflüsse der Dickstelle auch noch nach, wenn die Abtaststrecke bereits passiert ist, die Anzeige unterschreitet dann die Nullinie um ein gewisses Maß, was bei allen anderen Reinigern nicht beobachtet wurde. Eine Besonderheit, die in Abb. 9 nicht dargestellt wurde, ließ sich beim FR3-Reiniger beobachten. Je nach Auswahl der Reinigungsempfindlichkeit wurde das Bild der Dickstelle in mehreren übereinander liegenden parallel verlaufenden Linien unterschiedlicher Intensität geschrieben. Auch der senkrechte Abstand der einzelnen Bilder voneinander variierte. Die Ursache dafür liegt darin, daß bei diesem Reiniger, in Abweichung von den anderen fotoelektrischen Reinigern, an der Fotozelle nicht eine Gleichspannung, sondern eine Wechselspannung liegt. Es handelt sich um eine zusammengesetzte Rechteckspannung, deren teilweise komplizierte Form von der Einstellung der Knöpfe am Speisegerät abhängig ist. Die Umschaltung zwischen den einzelnen Spannungspegeln erfolgt so schnell, daß die Schaltflanken bei der Beobachtung der Dickstellenbilder nicht mehr zu sehen sind. Einige Beispiele der verschiedenen Spannungsformen sind in Abb. 13 wiedergegeben. Hier wurde der Zeitmaßstab soweit auseinandergezogen, daß die Formen der Rechteckspannung sichtbar werden. Es handelt sich also nicht um Abbilder von Dickstellen, sondern um Vorgänge, die etwa um den Faktor 1000 schneller ablaufen als der Durchlauf der Dickstelle durch den Reiniger.

Die Dickstellenbilder lassen sich nach zwei Gesichtspunkten charakterisieren. Einmal ist die maximale Höhe des Impulses wichtig, zum anderen seine Länge, die als Abstand der beiden Fußpunkte des Impulses voneinander definiert sein soll. Der Impulshöhe muß der Reiniger seine Information für den Dickstellenquerschnitt, der Impulslänge die Angaben über die Dickstellenlänge entnehmen.

4.2 Impulshöhe

Für vier Reiniger sind die festgestellten Impulshöhen in der Abb. 14 dargestellt, und zwar im elektrischen Spannungsmaß mV über dem Dickstellenquerschnitt, wobei der Querschnitt 100 % dem ungestörten Garn entspricht. Die für vier Reiniger eingezeichneten Kennlinien unterscheiden sich bezüglich ihrer Form und ihrer absoluten Höhe. Die Kurven wurden aus einer großen Anzahl von Einzelbildern gemittelt, nennenswerte Streuungen dabei nicht festgestellt, soweit es sich um die in Abb. 14 dargestellten Reiniger handelt. Anders beim Linra-Reiniger, dessen Impulshöhen-Kennlinien in Abb. 15 dargestellt sind. Hier ergab sich eine beträchtliche Streubreite, darüberhinaus konnte bezüglich der Mittelwerte eine Abhängigkeit von der Fadengeschwindigkeit festgestellt werden.

Um einen direkten Vergleich der Impulshöhencharakteristiken zu ermöglichen, wurden diese normiert, und zwar in der Art, daß der Dickstellenquerschnitt von 400 % mit dem Wert 1 belegt wurde. Die jetzt vergleichbaren Kurven sind in Abb. 16 dargestellt. Außerdem wurden zwei Vergleichskurven gestrichelt eingezeichnet. Die eine, gradlinige, bezieht sich auf einen gedachten Reiniger, dessen Abtastorgan die Fläche des Garnquerschnittes fehlerfrei mißt. Die zweite, nach unten gekrümmte, gestrichelte Kurve gibt den Verlauf für einen Reiniger an, der den Garndurchmesser fehlerfrei mißt. Der richtigen Querschnittsmessung kommt der Peyerfil-Reiniger am nächsten. Auch der FR3-Reiniger kommt ihr sehr nahe. Der Uster-Automatik sowie der Linra-Reiniger haben eine steilere Kennlinie als es der Querschnittsabhängigkeit entsprechen würde, der Optafil-Reiniger liegt zwischen der Querschnitts- und der Durchmesserempfindlichkeit.

4.3 Impulslänge

Das zweite Charakteristikum für die Beschreibung des Dickstellenbildes ist die Impulslänge. Sie soll der Reiniger-Elektronik eine Information über die Dickstellenlänge vermitteln und ist deshalb primär von dieser abhängig. Sekundär wirkt sich jedoch die Fadengeschwindigkeit sowie die mechanische und elektrische Dimensionierung des Reinigers selbst aus. Die Diagramme der Abb. 17 bis 21 wurden aufgrund der aufgenommenen Dickstellenbilder erstellt. Sie enthalten jeweils drei durchgezogene Geraden, welche die rechnerisch ermittelte Impulslänge für die drei eingesetzten Geschwindigkeiten angeben. Bei der Rechnung wurde angenommen, daß die Abtastlänge des Reinigers unendlich klein ist. Zu jeder Geschwindigkeit gehört weiterhin ein schraffiertes Feld, welches die durch Messung festgestellten Impulslängen gemittelt über alle Querschnitte umfaßt. Als Impulslänge wurde der Abstand beider Fußpunkte des Dickstellensignals angegeben. Es ließen sich z. T. erhebliche Streuungen feststellen, beispielsweise im Bereich der längeren Dickstellen beim Optafil-Reiniger und, im geringeren Maße, beim Linra-Reiniger. Enger sind die Streubereiche bei den Reinigern Peyerfil und FR3. Die schmalsten Bänder zeigt der Uster-Automatik. Es wäre zu erwarten gewesen, daß die Streubänder, infolge der endlichen Abtastlänge der Reiniger, in gewissem Abstand parallel zu den errechneten Geraden verlaufen. Das ist beim FR3 und Uster-Automatik annähernd der Fall. Bei beiden Reinigern zeigen sich nur im Bereich kurzer Dickstellen

und der höheren Geschwindigkeiten geringfügige Abweichungen
nach oben. Sehr stark sind sie beim Optafil-Reiniger, ebenfalls
zunehmend mit kürzer werdender Dickstelle und steigender Geschwindigkeit. Der Peyerfil zeigt die geschilderte Erscheinung
bei allen drei Geschwindigkeiten, beim Newmark deutet sie sich
besonders bei der mittleren Geschwindigkeit schon bei größeren
Dickstellenlängen an, auch bei der kleinsten Geschwindigkeit
läßt sie sich wegen der unterschiedlichen Breite des Streufeldes vermuten. Die entgegengesetzte Erscheinung, d. h. der geringer werdende Abstand des Streubandes von der rechnerisch ermittelten Geraden, kann beim Peyerfil für alle Geschwindigkeiten
und bei längeren Dickstellen konstatiert werden. Die geschilderten Abweichungen vom zu erwartenden Verlauf im Bereich kleiner
Dickstellenlängen läßt sich sicherlich durch den Einfluß der
endlichen Abtastlänge des Reinigers, bei großen Geschwindigkeiten durch die Auswirkung elektrischer Dämpfungen erklären.

4.4 Ansprechkennlinien

Die Untersuchungen waren so angelegt, daß bei jedem Reiniger
und allen Fadengeschwindigkeiten für alle verwendeten Dickstellen festgestellt wurde, wie die Empfindlichkeitseinstellung an
den Zentraleinheiten der Reiniger sein muß, um im gegebenen Falle gerade noch ein Ansprechen des Reinigers zu erzielen. Im
Foto des Oszillographen-Schirmbildes läßt sich der Ansprechvorgang als Sprung in der Schneidekennlinie feststellen. Aufgrund
der Beobachtung können im Koordinatenkreuz, welches in der Ordinate den Dickstellenquerschnitt und der Abszisse die Dickstellenlänge angibt, für jede mögliche Reinigereinstellung Kurven
eingezeichnet werden, unterhalb derer kein Schnitt erfolgt, während darüber die Dickstelle den Reiniger zum Ansprechen bringt,
was im normalen Betrieb zum Durchtrennen des Fadens führt. Diese,
Ansprechkennlinien genannten, Kurven sind für die Reiniger mit
nur einem Einstellknopf relativ einfach darzustellen, bei Reinigern mit vielfachen Einstellmöglichkeiten würde die vollständige Angabe aller Konstellationen zu einem unübersichtlichen Bild
führen; in diesem Fall sind deshalb nur charakteristische Einstellungen gewählt und die Tendenz bei der Veränderung der einzelnen Einstellmöglichkeiten angegeben. In allen Fällen wurden
nur mittlere Kurven ohne Berücksichtigung des Streubereiches
gezeichnet. Die Streubereiche lassen sich für die einzelnen Fälle aus den Bildern für die Abhängigkeit der Impulslänge von der
Dickstellenlänge abschätzen.

Der Verlauf der Ansprechkennlinien sollte der Forderung nach
mit wachsender Dickstellenlänge steigender Ansprechempfindlichkeit entsprechen. Konstante Dickstellenvolumina werden dabei
durch Hyperbeln, deren Asymptoten die Koordinatenachsen sind,
dargestellt. Die Abb. 22 zeigt ein solches theoretisches Ansprechkennlinienfeld. Ob ein Hyperbelfeld der gezeigten Art
optimal ist, oder ob andere Kurven praxisgerechter verlaufen,
wurde im Rahmen dieser Arbeit nicht untersucht.

4.4.1 Kundert

Der Optafil-Reiniger ergibt ein relativ kompliziertes Ansprechkennlinien-Feld, wiedergegeben mit Abb. 23, das für die Dickstellen bis zu einer Länge von etwa 50 mm der grundlegenden For-

derung, daß Dickstellen um so empfindlicher geschnitten werden
sollen, je länger sie sind, in etwa genügt. Der hyperbolische
Verlauf allerdings ist nur für die kurzen Dickstellen, bis etwa
20 mm Länge, annähernd erfüllt. Im mittleren Längenbereich zeigen die Ansprechkennlinien einen fast horizontalen Verlauf,
d. h., daß eine Empfindlichkeitssteigerung mit wachsender Dickstellenlänge nicht gegeben ist. Erst bei Längen über 55 mm wird
für große Querschnitte der gewünschte Verlauf angenähert. Insgesamt werden die langen Dickstellen unterbewertet. Bei Änderung
der Fadengeschwindigkeit verzerren sich die Kennlinien sinngemäß. Es muß festgestellt werden, daß dieser vom Konzept her besonders einfach aufgebaute Reiniger dennoch eine Ansprechkennlinie realisiert, die den praktischen Forderungen entgegenkommt.

4.4.2 Loepfe

Die Kennlinien des Reinigers FR3, dargestellt in den Abb. 24
bis 26, kommen der Hyperbelform nahe, bei der gleichen Einstellung werden also kurze grobe Stellen genauso geschnitten wie
lange feinere. Die Abb. 24 zeigt den Verlauf, dargestellt für
die Fadengeschwindigkeit 400 m/min und bei Einstellung des Knopfes N auf den Wert 10, sowie bei variabler Einstellung des Knopfes D. Mit steigendem D verschieben sich die Kennlinien zu größeren Querschnitten, gleichzeitig wächst ihre Krümmung. Der relative Unterschied von zwei zu verschiedenen Längenwerten gehörenden Querschnittszahlen der gleichen Kurve ist jedoch, das
gilt für die kürzeren Dickstellen, annähernd konstant. Die Veränderung des D-Wertes beeinflußt die Ansprechempfindlichkeit
über den ganzen Längenbereich fast gleichmäßig. Abweichungen
zeigten sich lediglich für die Werte D = 2 und D = 3. Hier konnten allerdings nur wenige Messungen zur Auswertung herangezogen
werden.

Eine Verstellung des Knopfes N hingegen bewirkt, wie in Abb. 25
gezeigt, kaum eine Empfindlichkeitsänderung im Bereich langer
Dickstellen, während die Empfindlichkeit im Bereich der kurzen
Dickstellen stärker beeinflußt wird. Besonders gilt das für die
hohen Werte von D. Die Wahl der Reinigungsempfindlichkeit ist
nicht unabhängig von der Geschwindigkeit. Eine hohe Fadengeschwindigkeit verschiebt die Ansprechlinien sowohl zu größeren
Querschnitten wie auch zu längeren Dickstellen. Abb. 26 zeigt
diese Zusammenhänge. Sie traten auf, obgleich die Fadengeschwindigkeit am Steuergerät jeweils richtig eingestellt war.

4.4.3 Newmark

Der Linra-Reiniger zeigt den gewünschten, annähernd parabolischen Kennlinien-Verlauf nur für die groben Einstellungswerte,
wie in der rechten oberen Ecke des Ansprechlinienfeldes der
Abb. 27 sichtbar ist. Bei höheren Empfindlichkeiten sind die
Kennlinien annähernd geradlinig mit schwacher Tendenz zu höherer
Empfindlichkeit mit steigender Dickstellenlänge. Ein Geschwindigkeitseinfluß ist vorhanden. Er äußert sich darin, daß die Querschnittsempfindlichkeit steigt, d. h. der Schnitt für höhere Geschwindigkeiten bei kleinerem Dickstellenquerschnitt erfolgt.
Außerdem wird die Empfindlichkeitssteigerung mit steigender Dickstellenlänge, d. h. die Neigung der Geraden für hohe Empfindlich-

keiten, stärker und der hyperbelähnliche Charakter für kleine
Empfindlichkeiten ausgeprägter. Das Entgegengesetzte gilt für
kleinere Geschwindigkeiten.

4.4.4 Peyer

Abb. 28 zeigt, daß die Ansprechempfindlichkeit des Peyerfil nahezu unabhängig von der Dickstellenlänge ist. Die Kennlinien,
leicht nach unten durchgebogene Linien, verlaufen annähernd
waagerecht. Dieser Anordnung entsprechend war eine Geschwindigkeitsabhängigkeit nicht feststellbar.

4.4.5 Zellweger

Der Uster-Automatik, dessen Ansprechkennlinien in Abb. 29 wiedergegeben sind, zeigt den erwünschten hyperbelähnlichen Charakter in ausgeprägter Form. Bei richtiger Einstellung der Bedienungsknöpfe ist eine Geschwindigkeitsabhängigkeit nicht vorhanden, so daß das Kennlinienfeld im Achsenkreuz mit einer Zeitabszisse dargestellt werden konnte. Zusätzlich sind Längeneinteilungen für alle drei verwendeten Fadengeschwindigkeiten angegeben. Es ist zu beachten, daß die Angabe des Dickstellenquerschnittes an den Kurven entsprechend der Skaleneinteilung des
Einstellknopfes "Sensitivity" erfolgt, d.h. um wieviel % der Dickstellenquerschnitt den ungestörten Fadenquerschnitt übersteigt.
Im Gegensatz dazu ist die Ordinate aller Kennlinienfelder so geteilt, daß dem ungestörten Faden der Querschnitt 100 % entspricht.
Es ist stets der Gesamtquerschnitt, also Faden plus Dickstelle,
angegeben.

Eine Verringerung der Querschnittsempfindlichkeit führt zur Verlagerung der Kennlinie nach oben, eine Vergrößerung der Ansprechzeit, d. h. der Übergang zu größeren Dickstellenlängen, verschiebt die Kennlinie nach rechts.

5. Störung durch Fremdeinflüsse

Es wird häufig befürchtet, daß elektronisch arbeitende Fadenreiniger durch Fremdeinflüsse gestört werden könnten. Es müßte
sich dabei um Einflüsse handeln, die auf die hochempfindlichen
Stufen der Reinigerelektronik, das sind die Abtaststufen, eine
Einwirkung haben. Bei den fotoelektrisch arbeitenden Reinigern
könnte es sich um optische Einflüsse handeln, das kapazitive
Abtastsystem könnte durch Änderungen der Dielektrizitätskonstanten, wodurch Querschnittsveränderungen vorgetäuscht werden, gestört werden. Bei beiden Reinigersystemen ist eine äußere Beeinflussung durch starke elektrische Störungen auf induktivem
oder kapazitivem Wege ebenfalls denkbar.

Im praktischen Betrieb der Reiniger können Störungen der erwähnten Art auftreten, wobei die optischen Störungen z. B. durch
plötzliche Änderungen der Farbe des durch den Reiniger laufenden
Fadens oder durch Fremdlichteinflüsse verursacht würden. Die
Dielektrizitätskonstante eines Fadens wird verändert, wenn sich,
bei gleichbleibendem Querschnitt, das Fasermaterial, aus dem er
besteht, oder sein Feuchtigkeitsgehalt ändert. Elektrische Einflüsse werden im Spulereibetrieb durch Schaltstöße elektrischer
Maschinen verursacht.

Um die Anfälligkeit der verschiedenen untersuchten Reiniger auf
Fremdeinflüsse zu testen, wurden die folgenden Versuche durchgeführt:

1. Der aus Perlon bestehende Testfaden wurde auf eine Länge von
   9 cm schwarz eingefärbt. Er wurde in der gleichen Weise durch
   die Prüfanordnung geschickt wie ein mit einer Dickstelle
   präparierter Faden.

2. Ein gleichartiger Perlonfaden wurde auf einer Länge von 2,2
   cm blau eingefärbt und ebenfalls untersucht.

3. Ein Perlonfaden wurde mit Dickstellen versehen, die aus Polyestermaterial bestanden. Diese Dickstellen wurden durch die
   Reiniger geschickt.

4. Die Dickstellen im Faden bestanden aus Acetat-Material.

5. Die Acetat-Dickstellen waren zusätzlich befeuchtet.

6. Mit dem Fotoblitz wurde aus 1 m Abstand direkt in den Reinigerschlitz geleuchtet.

7. Der Fotoblitz wurde so gegen die Raumdecke gerichtet, das
   Streulicht in den Reiniger fiel.

8. Mit einer 500 Watt-Fotolampe wurde aus 1 m Abstand direkt in
   den Reiniger geleuchtet, die Lampe dabei ein- und ausgeschaltet.

Die Versuche 1, 2, 6 bis 8 betrafen optische Fremdeinflüsse, die
Versuche 3 bis 5 sollten zur Testung der Anfälligkeit auf Änderungen der Dielektrizitätskonstanten dienen, die Versuche 6 und
7 erzeugten außerdem äußere elektrische Störungen durch die hohen Stromspitzen in der Entladungsröhre des Fotoblitzes.

Die Ergebnisse dieser Untersuchungen sind in Tab. I zusammengefaßt. Sie sagen aus, daß die Farbsprünge im Faden nur in einem
einzigen Fall, d. h. beim blau gefärbten Perlonfaden, im Loepfe-
Reiniger ein Dickstellensignal verursachte, das bei höchstempfindlicher Reinigereinstellung zum Ansprechen führte. Der Fotoblitz -
ebenso wie ein in Parallelversuchen eingesetztes Stroboskop -
verursachte sowohl bei direktem wie bei indirektem Lichteinfall
in den Reinigerschlitz bei Kundert und bei Peyer Signale erheblicher Größe, die, unabhängig von der Reinigereinstellung, zum
Ansprechen führten. Ob optische oder elektrische Einwirkungen
die direkte Ursache waren, wurde nicht festgestellt. Die Fotolampe verursachte beim Kundert-Reiniger deutlich sichtbare Signale, die in etwa der Hälfte des Empfindlichkeitsbereiches
einen Ansprechvorgang auslösten.

Änderungen der Dielektrizitätskonstanten beeinflußten die optoelektronischen Reiniger nicht, ebenso wie das kapazitive System
nicht von optischen Einflüssen gestört werden konnte. Auch elektrische Einflüsse hatten keinen störenden Einfluß auf den Zellweger-Reiniger. Dieser reagiert allerdings auf Änderungen der
Dielektrizitätskonstanten. Das manifestiert sich auch darin, daß
an der Speiseeinheit des Reinigers eine Einstellmöglichkeit für
die Materialart gegeben ist. Wenn sich in einem Faden also Stellen unterschiedlicher DK befinden, was beispielsweise durch Faserentmischungen zu realisieren wäre, dann sind eventuell Fehlreaktionen des Reinigers zu befürchten. Der Perlonfaden mit einer

aus Acetat bestehenden Dickstelle ist das Modell einer solchen Faserentmischung. Durch die Acetatdickstelle wurde ein deutlich größeres Dickstellensignal erzeugt als durch eine, bei gleichem Dickstellenquerschnitt, aus Perlon bestehende. Die Materialanpassung des Reinigers wurde dabei unverändert gelassen.

Zu starken Störungen des kapazitiven Reinigers führte eine örtlich begrenzte Befeuchtung der aus Acetat bestehenden Dickstelle im Perlonfaden. In dieser Hinsicht ist also Vorsicht geboten. Da jedoch aus einer Reihe anderer Gründe Feuchtigkeitsschwankungen im Garn unerwünscht und auch Anlaß zu Störungen anderer Art sind, wird in den Spinnereien und Zwirnereien ohnehin das Entstehen dieses Fehlers vermieden.

6. Zusammenfassung

Die Ansprechempfindlichkeit von fünf elektronischen Garnreinigern unterschiedlichen Fabrikats wurde getestet, indem mit je einer künstlich erzeugten Dickstelle unterschiedlicher Größe präparierte geflochtene, sehr gleichmäßige Fäden bei abgeschalteter Fadentrennvorrichtung durch die Reiniger geschickt wurden. Die von den Abtastorganen der Reiniger aufgenommenen Dickstellenbilder wurden oszillographisch aufgenommen und analysiert, die Ansprechgrenzen der Geräte bei Variation der Reinigereinstellung aufgesucht.

Die Ergebnisse sind in Form von Kennlinienfeldern dargestellt, aus welchen hervorgeht:

a) die Reinigerempfindlichkeit abhängig vom Dickstellenquerschnitt,

b) die Länge des Reinigersignals abhängig von der Dickstellenlänge,

c) die Ansprechgrenzen nach Querschnitt und Länge der Dickstellen bei unterschiedlichen Reinigereinstellungen.

Tab. I: Auswirkung von Fremdeinflüssen auf das Dickstellensignal im Reiniger

	Kundert	Loepfe	Newmark	Peyer	Zellweger
Perlonfaden, auf 9 cm schwarz gefärbt	-	-	-	-	-
Perlonfaden, auf 2,2 cm blau gefärbt	-	+	-	-	-
Perlon mit Polyester-Dickstellen	o	o	o	o	o
Perlon mit Acetat-Dickstellen	o	o	o	o	+
Perlon mit Acetat-Dickstellen, befeuchtet	o	o	o	o	++
Fotoblitz direkt, 1 m Abstand	++	-	-	++	-
Fotoblitz indirekt	++	-	-	++	-
Fotolampe 500 W 1 m Abstand	+	-	-	-	-

++ erheblich zu hohes Signal
+ etwas zu hohes Signal
o normales Signal
- kein Signal

Abbildungen

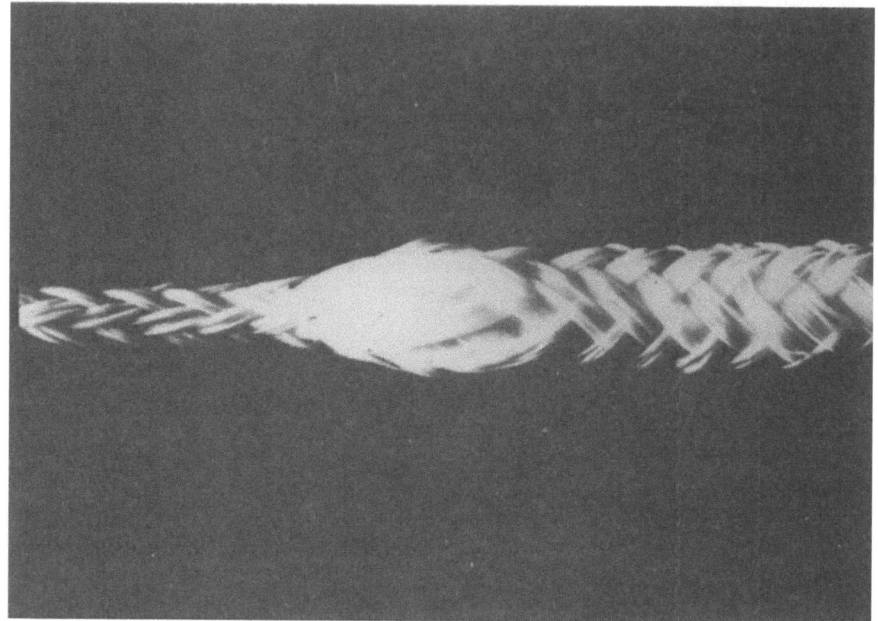

Abb. 1: Im geflochtenen Faden künstlich erzeugte Dickstelle, Übergang vom ungestörten Faden zur Dickstelle

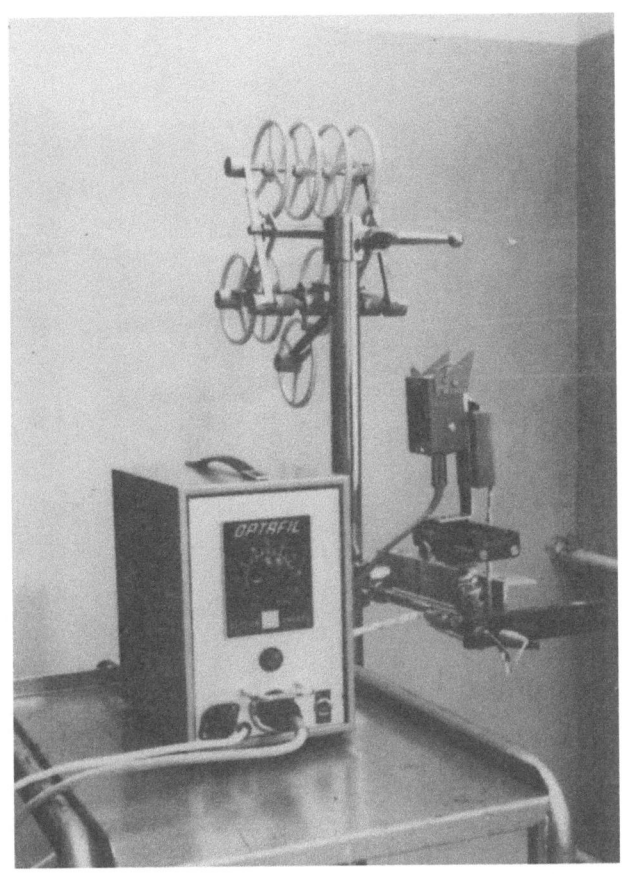

Abb. 2: Reiniger "Optafil", Hersteller Kundert

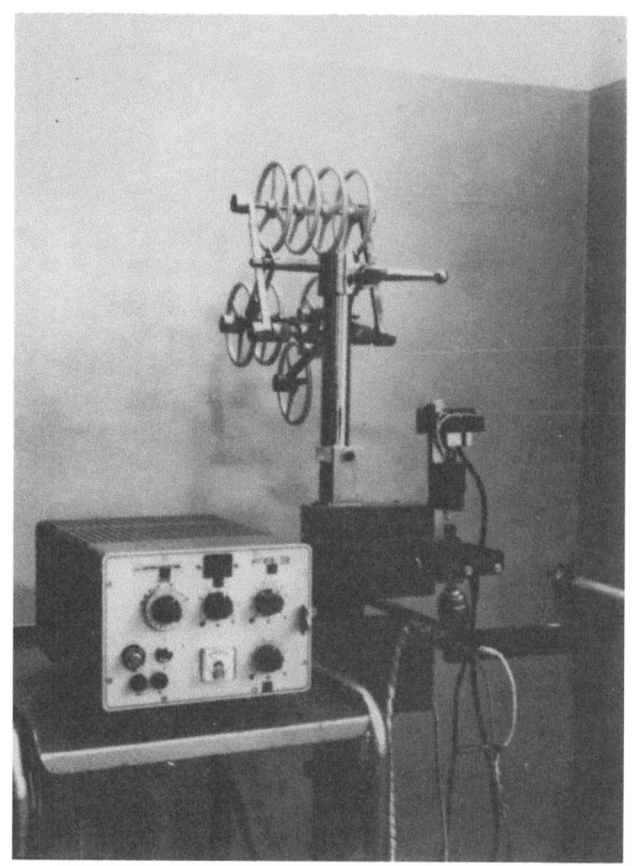

Abb. 3: Reiniger Typ FR-3, Hersteller Loepfe

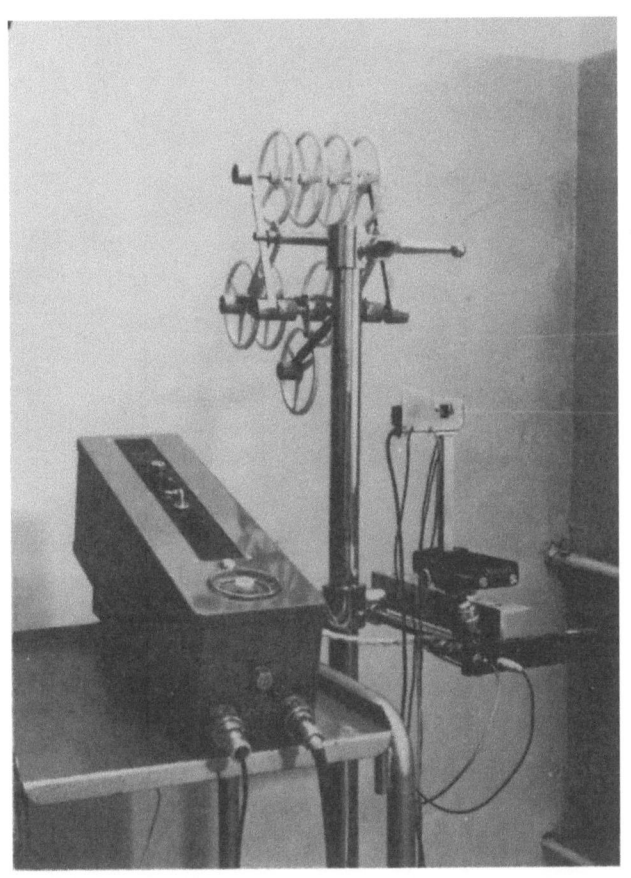

Abb. 4: Reiniger "Linra-Microgate", Hersteller Newmark

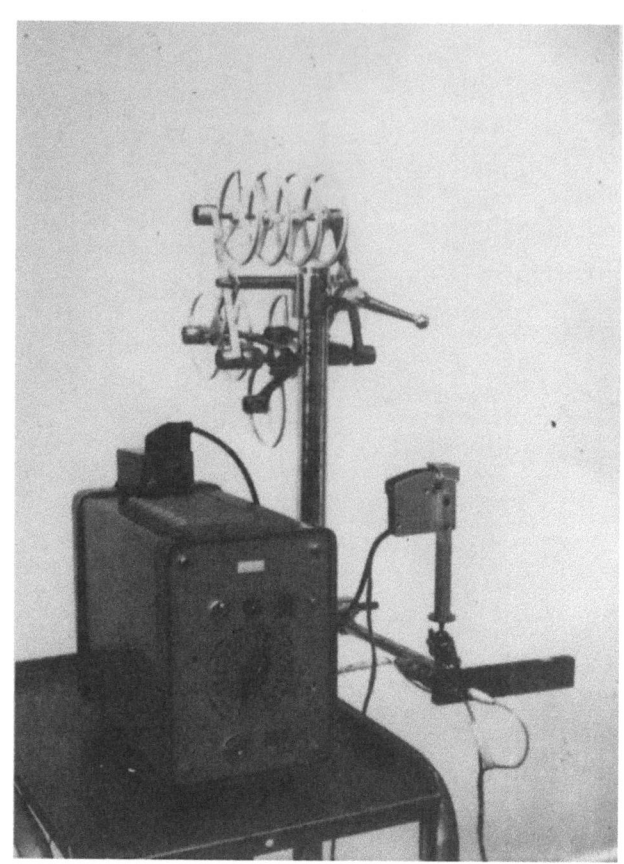

Abb. 5: Reiniger "Peyerfil", Hersteller Peyer

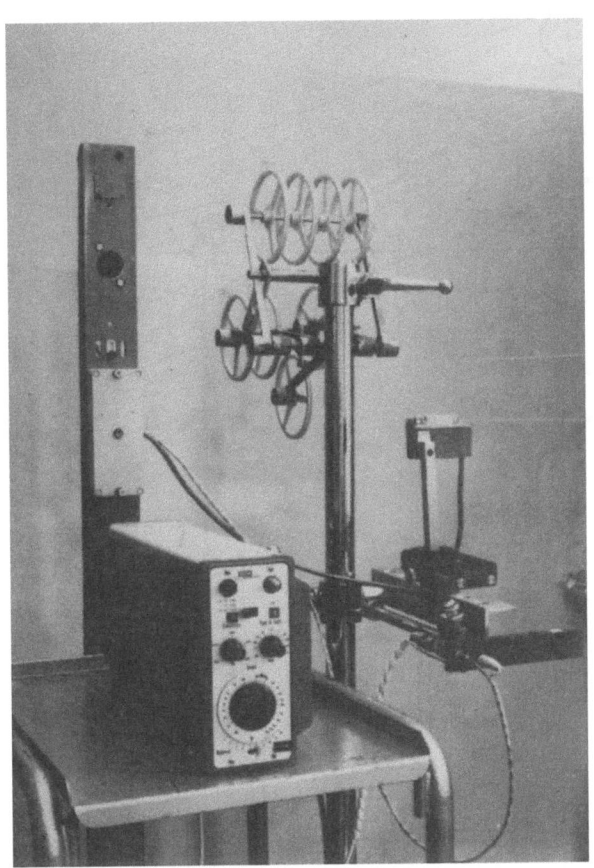

Abb. 6: Reiniger "Uster Automatik", Typ UAM, Hersteller Zellweger

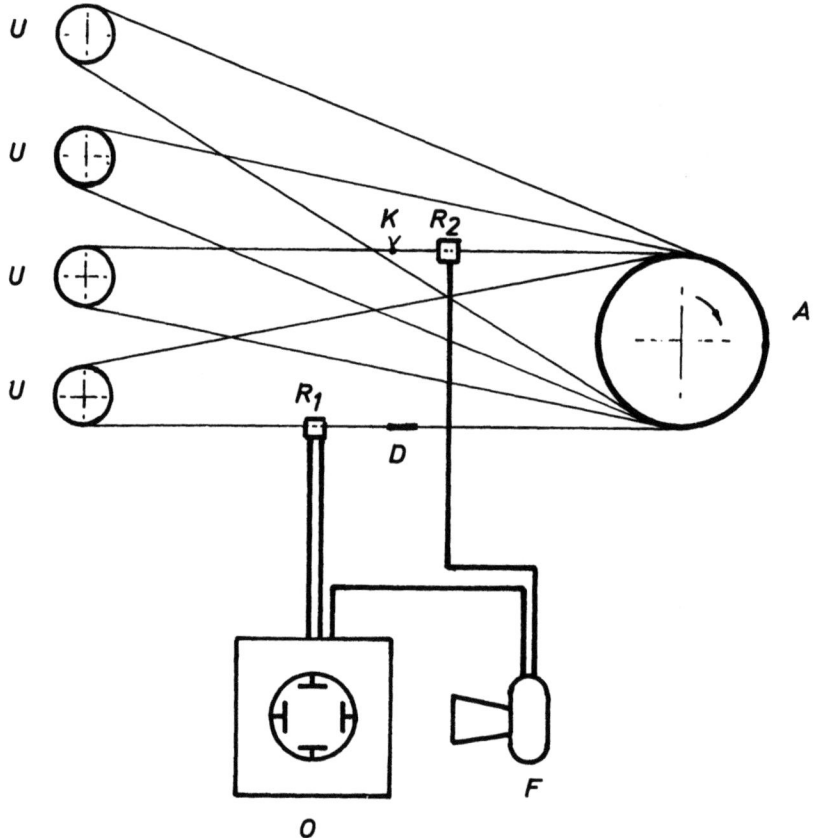

Abb. 7: Reinigerprüfstand schematisch

    A Antriebsaggregat   D Dickstelle
    U Umlenkrollen   K Knoten
    R1 zu testender Reiniger   F Fotoapparat
    O Oszillograph
    R2 Reiniger zur Tiggerung

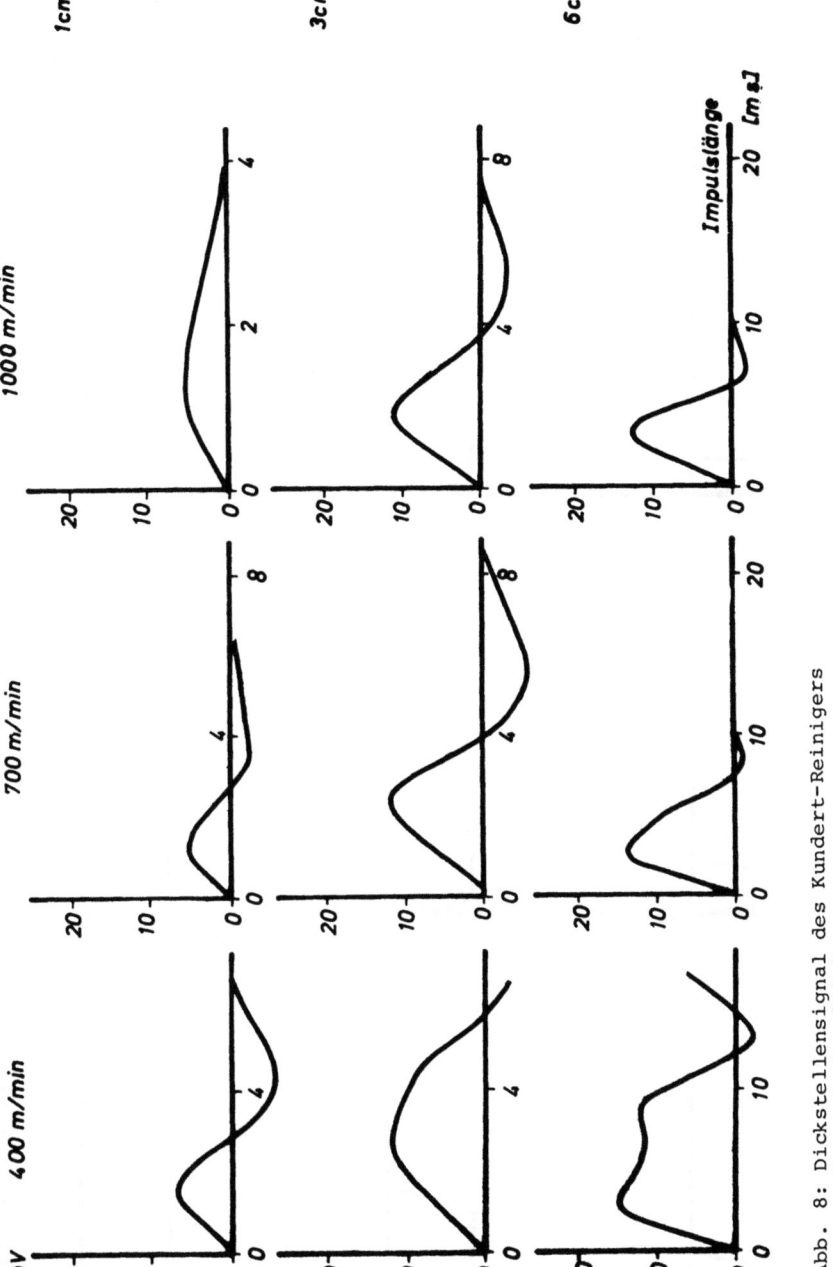

Abb. 8: Dickstellensignal des Kundert-Reinigers
Querschnitt 300 ŧ

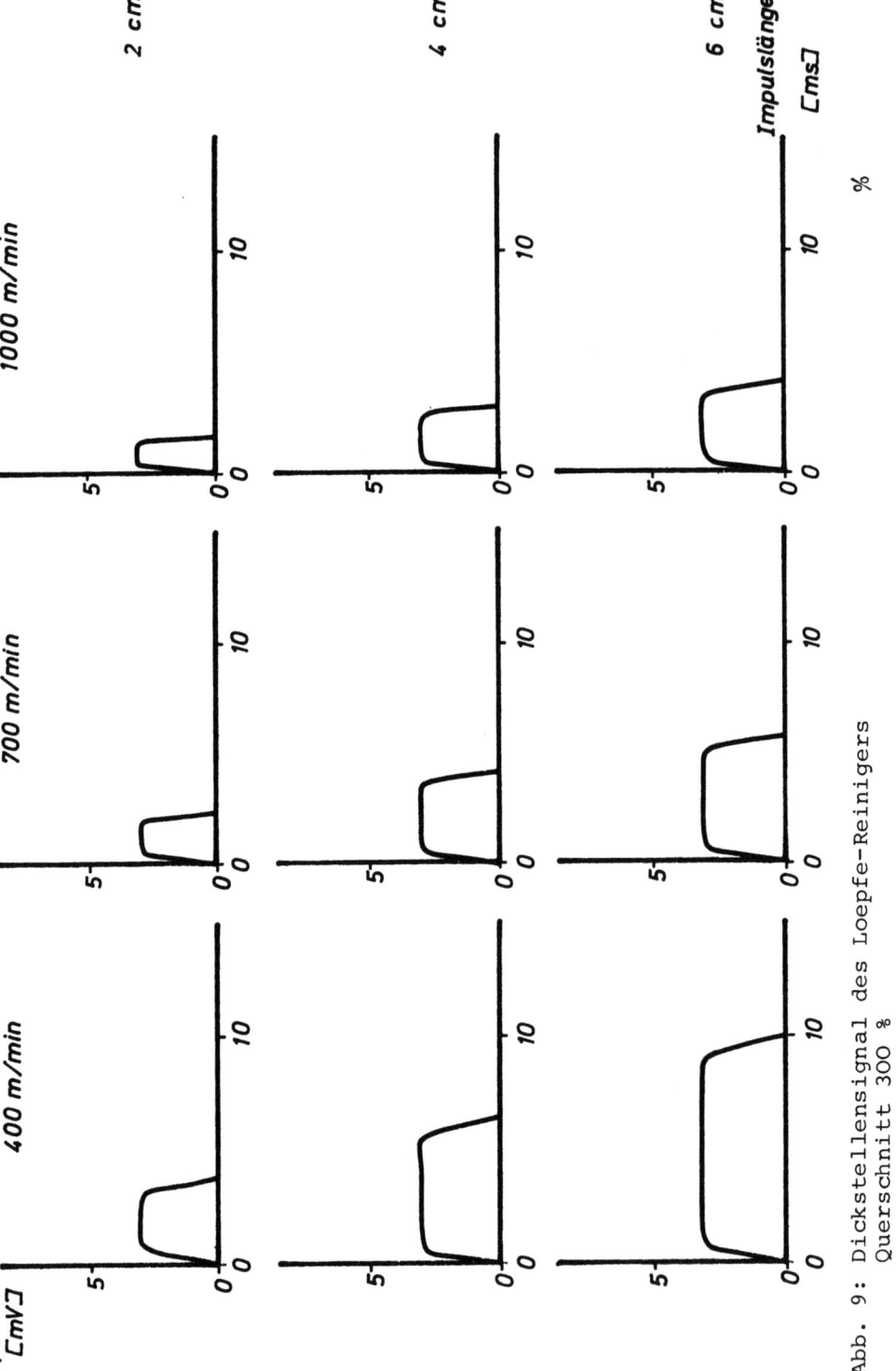

Abb. 9: Dickstellensignal des Loepfe-Reinigers Querschnitt 300 %

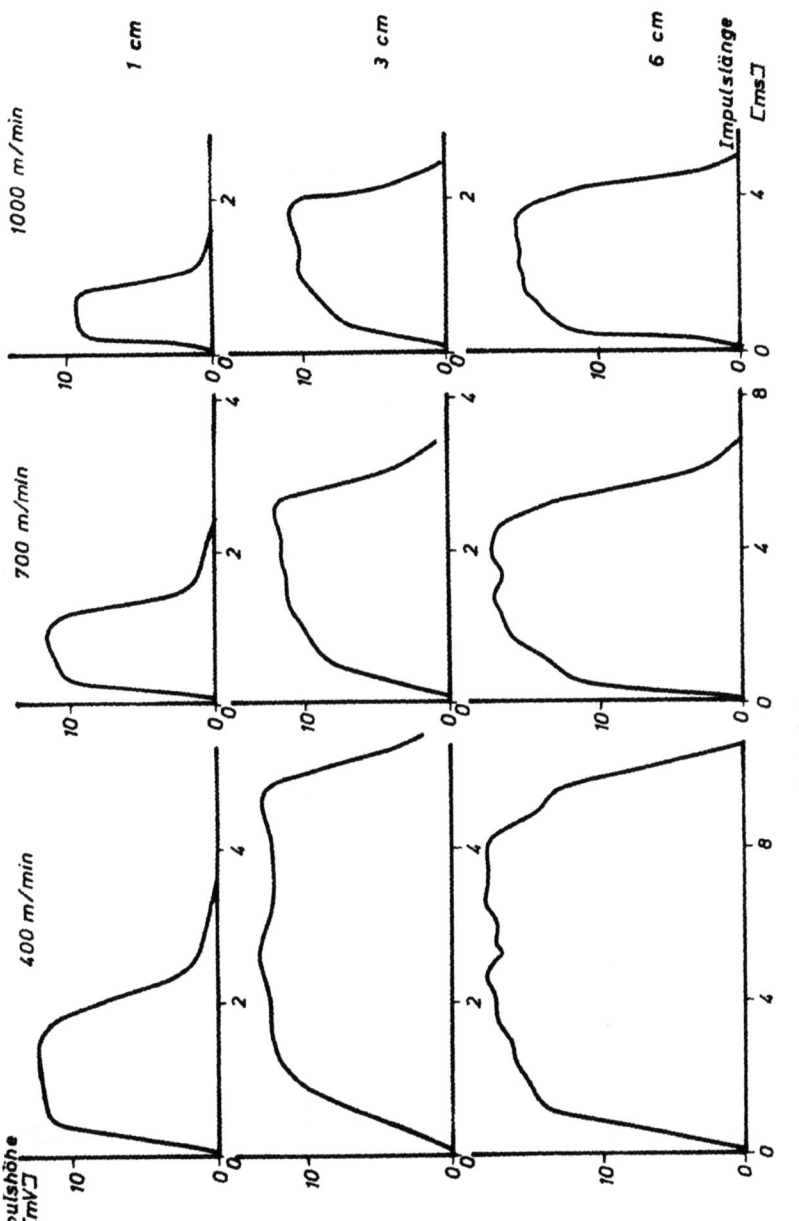

Abb. 10: Dickstellensignal des Newmark-Reinigers
Querschnitt 300 g

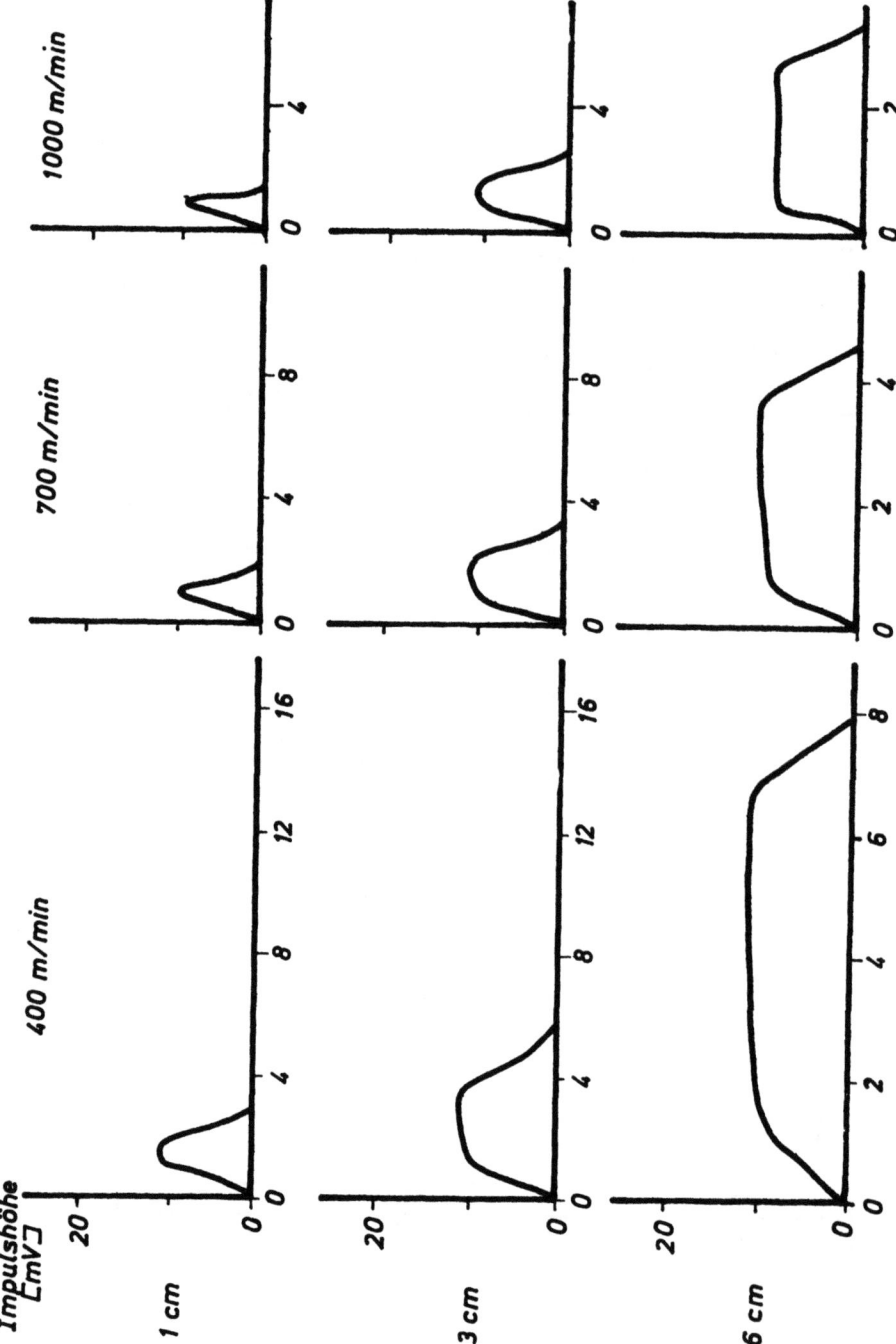

Abb. 11: Dickstellensignal des Peyer-Reinigers
Querschnitt 300 %

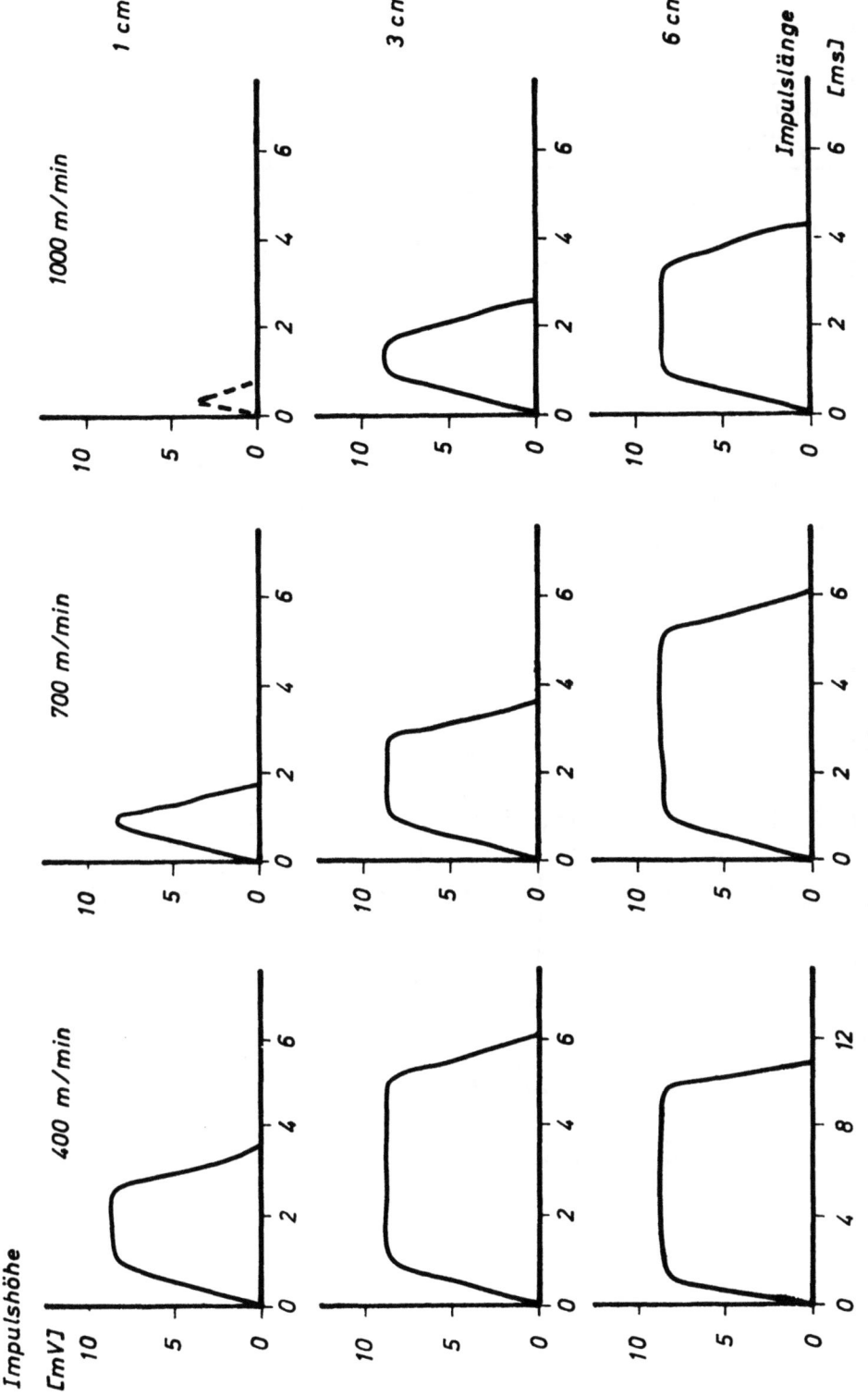

Abb. 12: Dickstellensignal des Zellweger-Reinigers Querschnitt 300 %

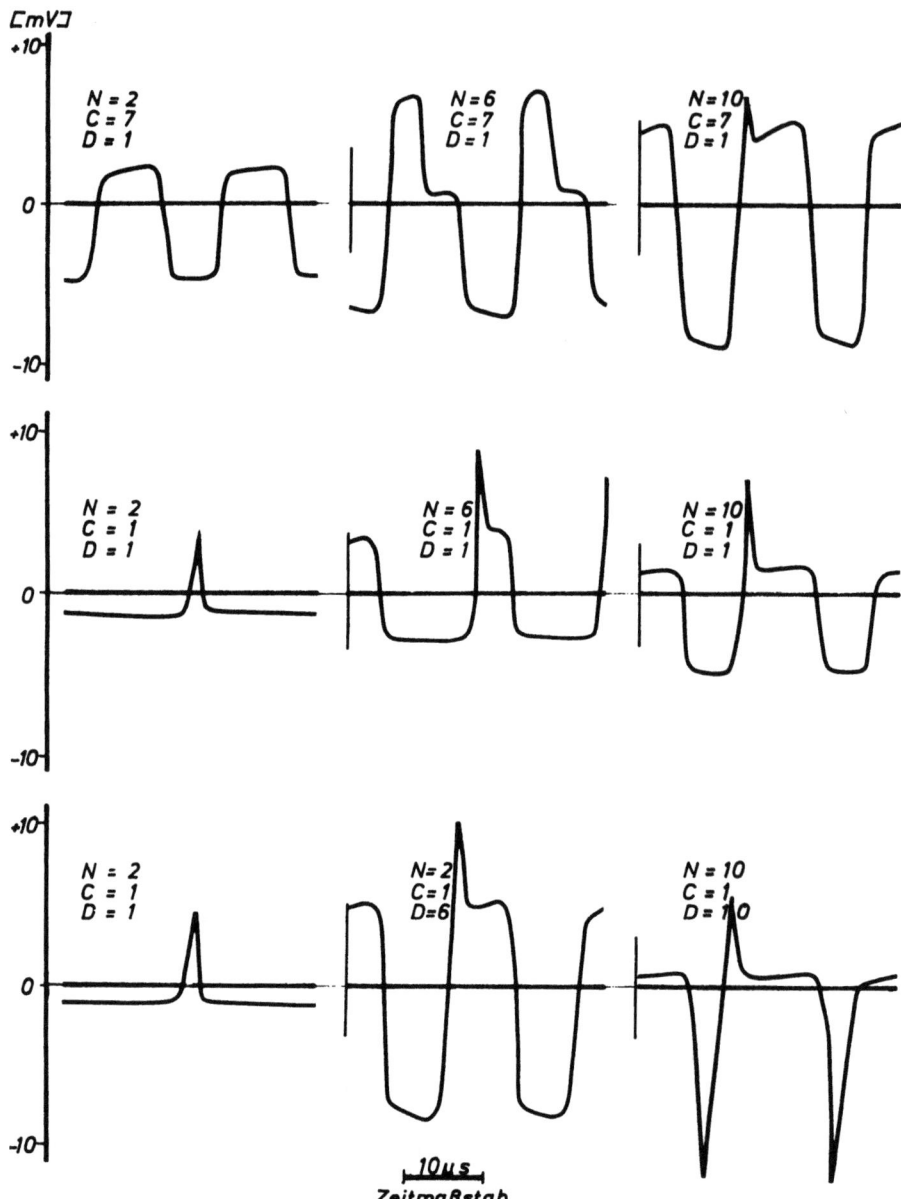

Abb. 13: Fotozellenspannung beim Loepfe-Reiniger
Signal des leeren Tastkopfes

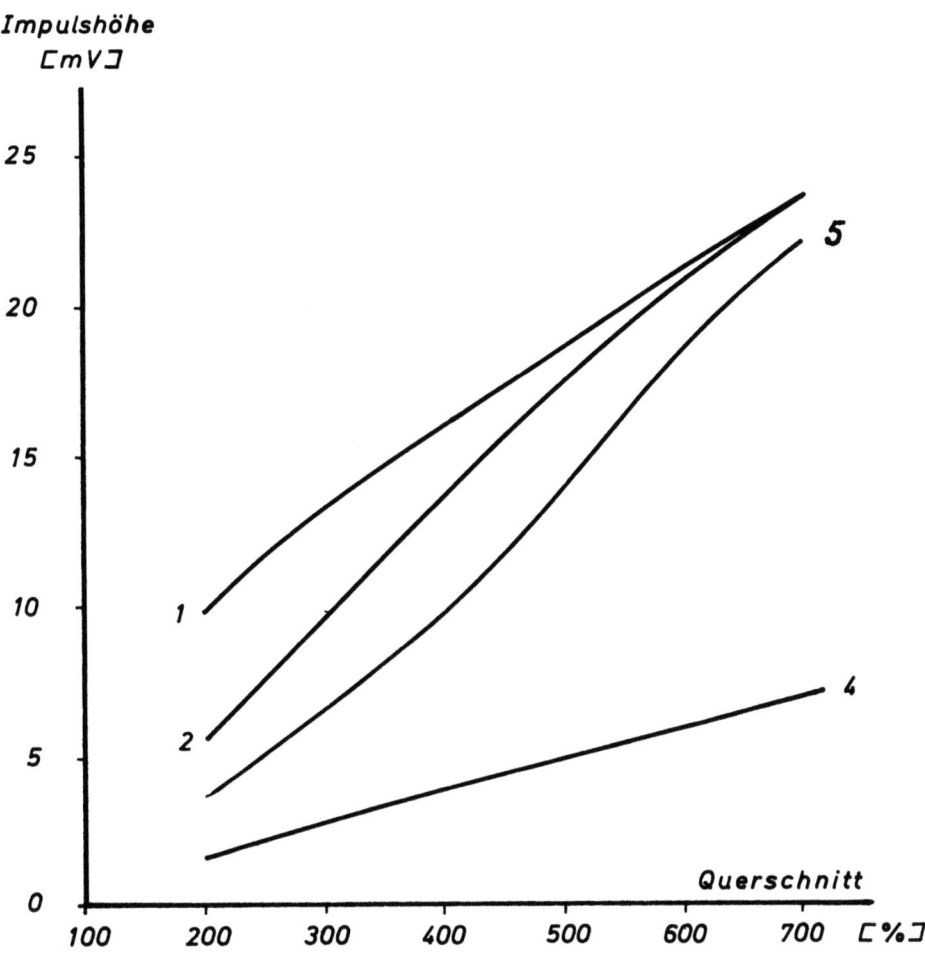

Abb. 14: Höhe des Dickstellenimpulses bei verschiedenen Reinigern

    1 Kundert
    2 Peyer
    4 Loepfe
    5 Zellweger

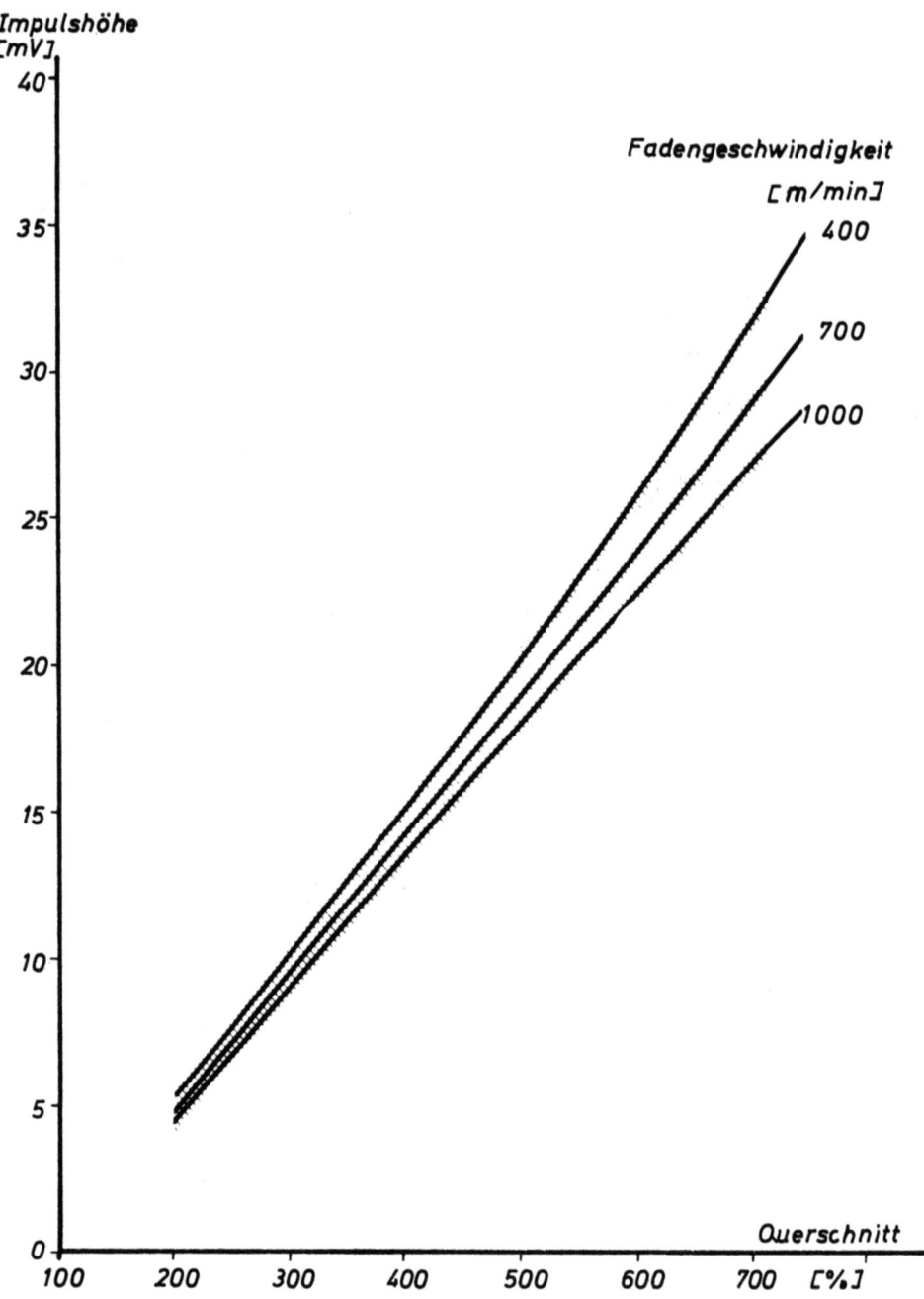

Abb. 15: Höhe des Dickstellenimpulses beim Newmark-Reiniger

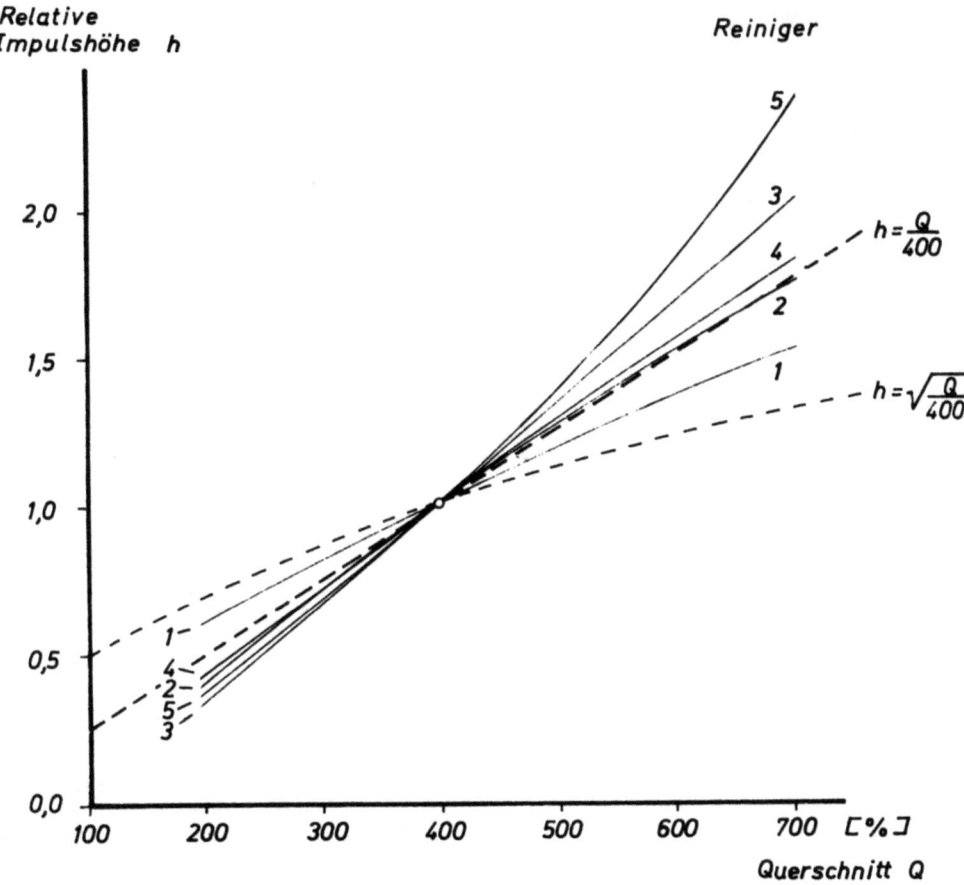

Abb. 16: Relative Impulshöhe
   1 Kundert
   2 Peyer
   3 Newmark
   4 Loepfe
   5 Zellweger

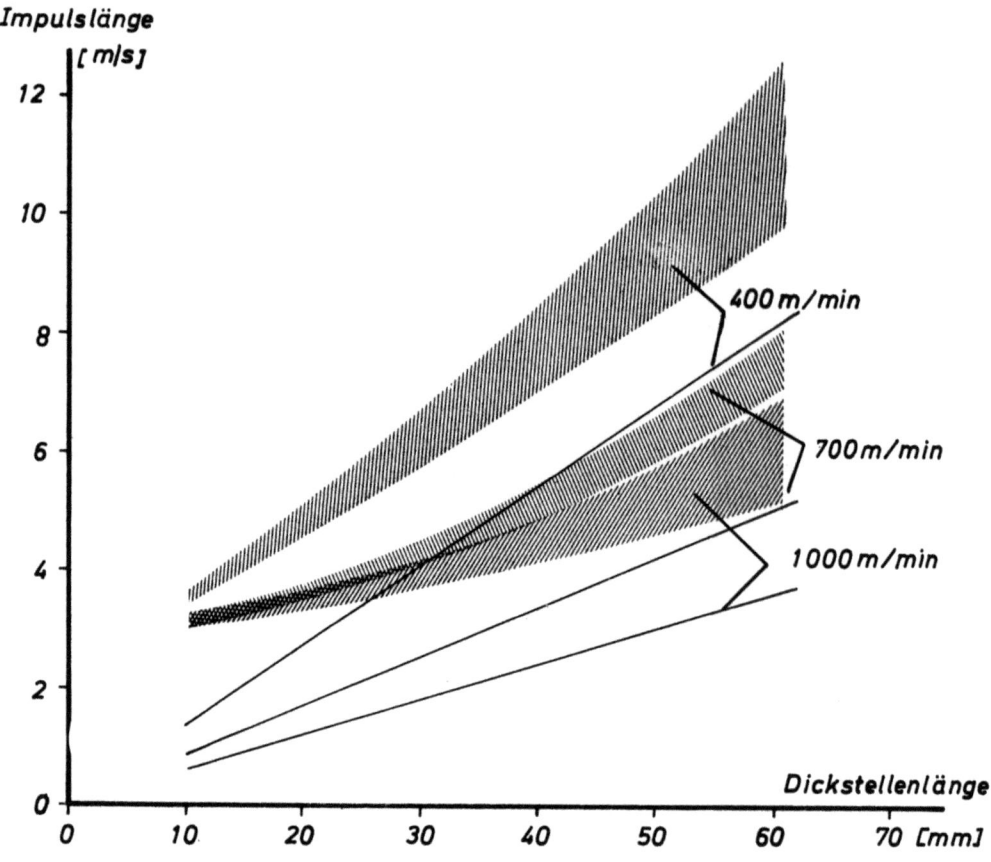

Abb. 17: Länge des Dickstellenimpulses beim Kundert-Reiniger
Durchgezogene Gerade = theoretische Impulslänge
Schraffierter Bereich = gemessene Impulslänge

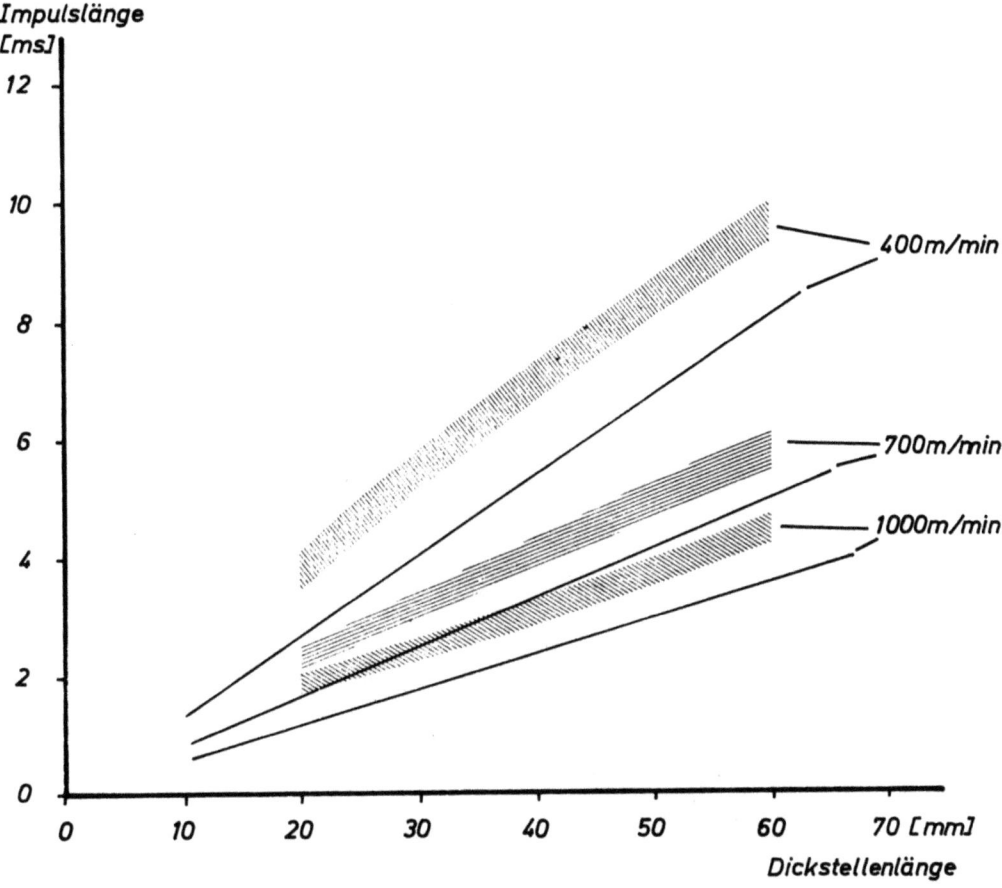

Abb. 18: Länge des Dickstellenimpulses beim Loepfe-Reiniger
Durchgezogene Gerade = theoretische Impulslänge
Schraffierter Bereich = gemessene Impulslänge

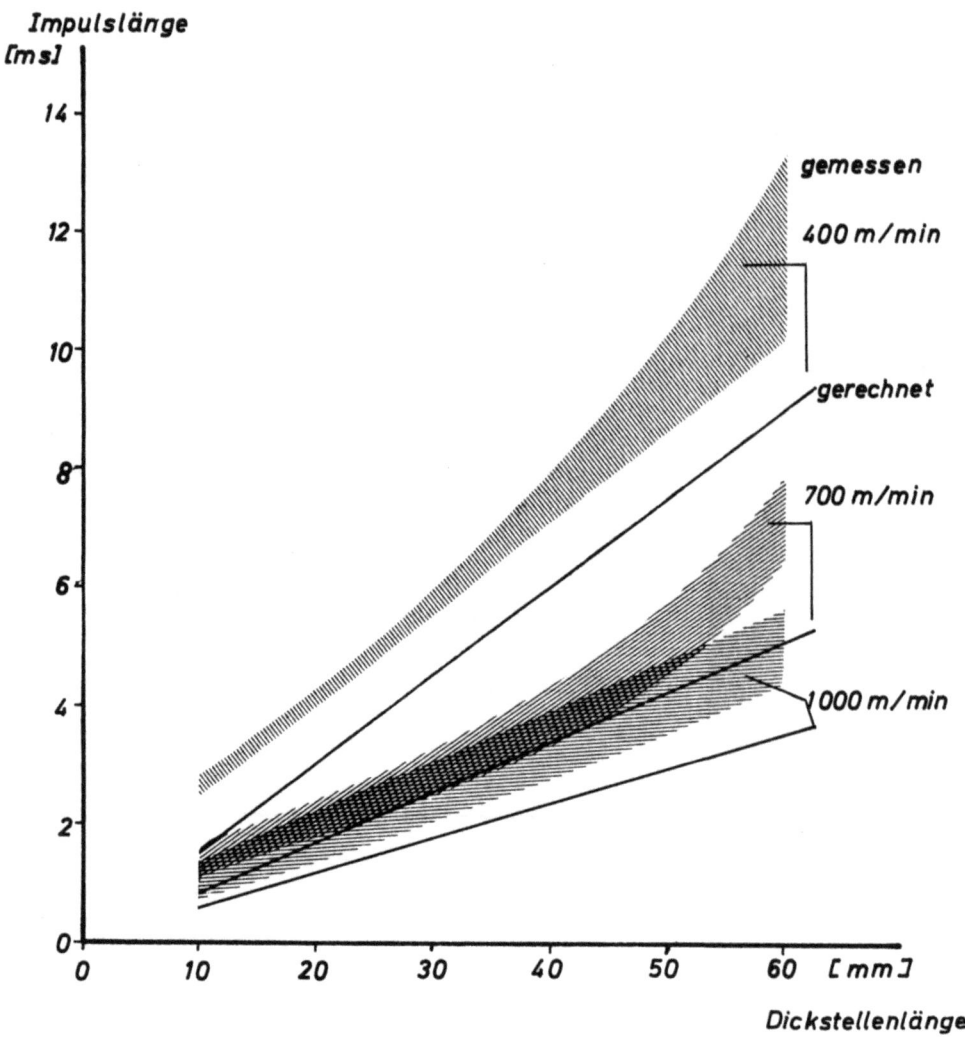

Abb. 19: Länge des Dickstellenimpulses beim Newmark-Reiniger
Durchgezogene Gerade = theoretische Impulslänge
Schraffierter Bereich = gemessene Impulslänge

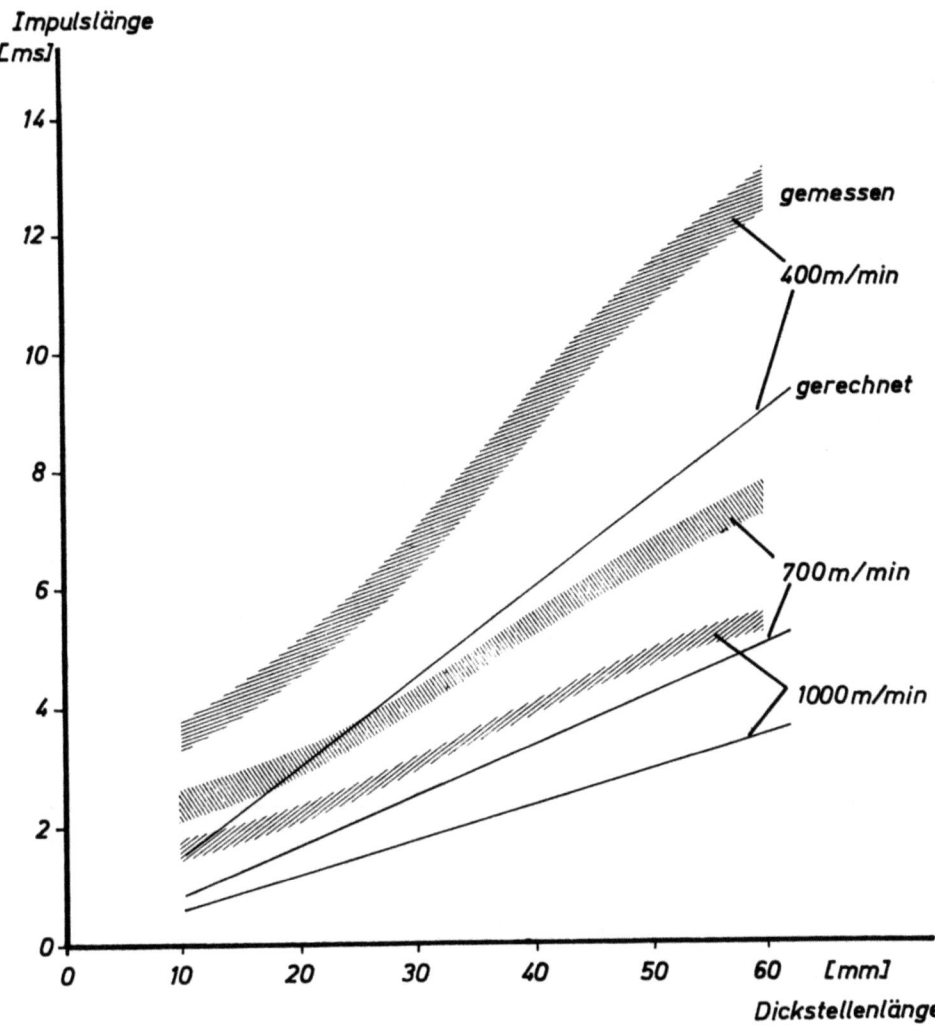

Abb. 20: Länge des Dickstellenimpulses beim Peyer-Reiniger
Durchgezogene Gerade = theoretische Impulslänge
Schraffierter Bereich = gemessene Impulslänge

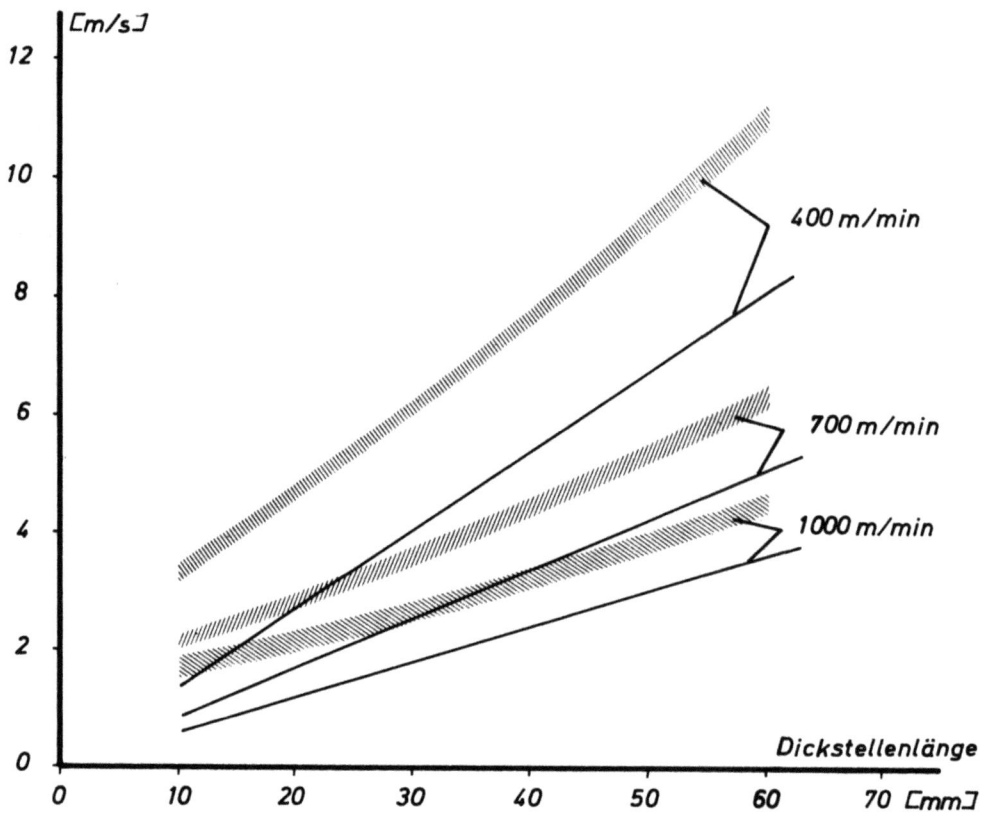

Abb. 21: Länge des Dickstellenimpulses beim Zellweger-Reiniger
Durchgezogene Gerade = theoretische Impulslänge
Schraffierter Bereich = gemessene Impulslänge

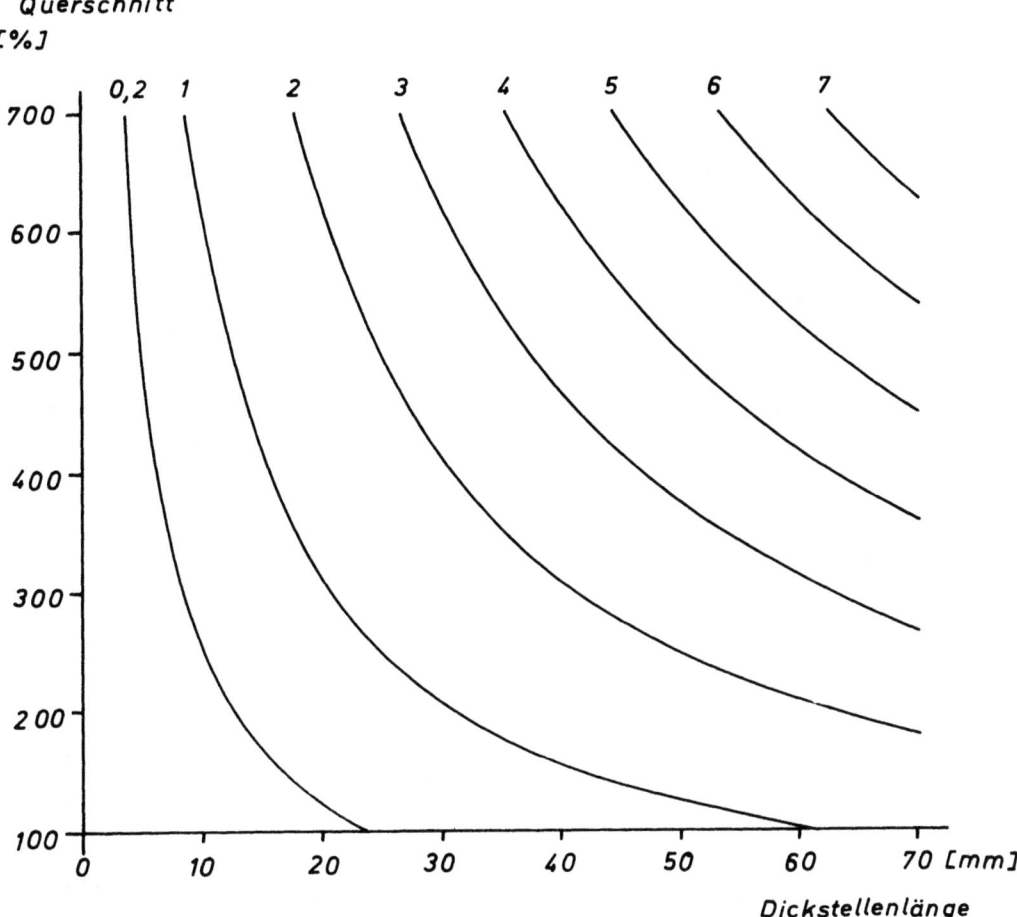

Abb. 22: Ansprechkennlinien eines gedachten Reinigers für konstantes Dickstellenvolumen

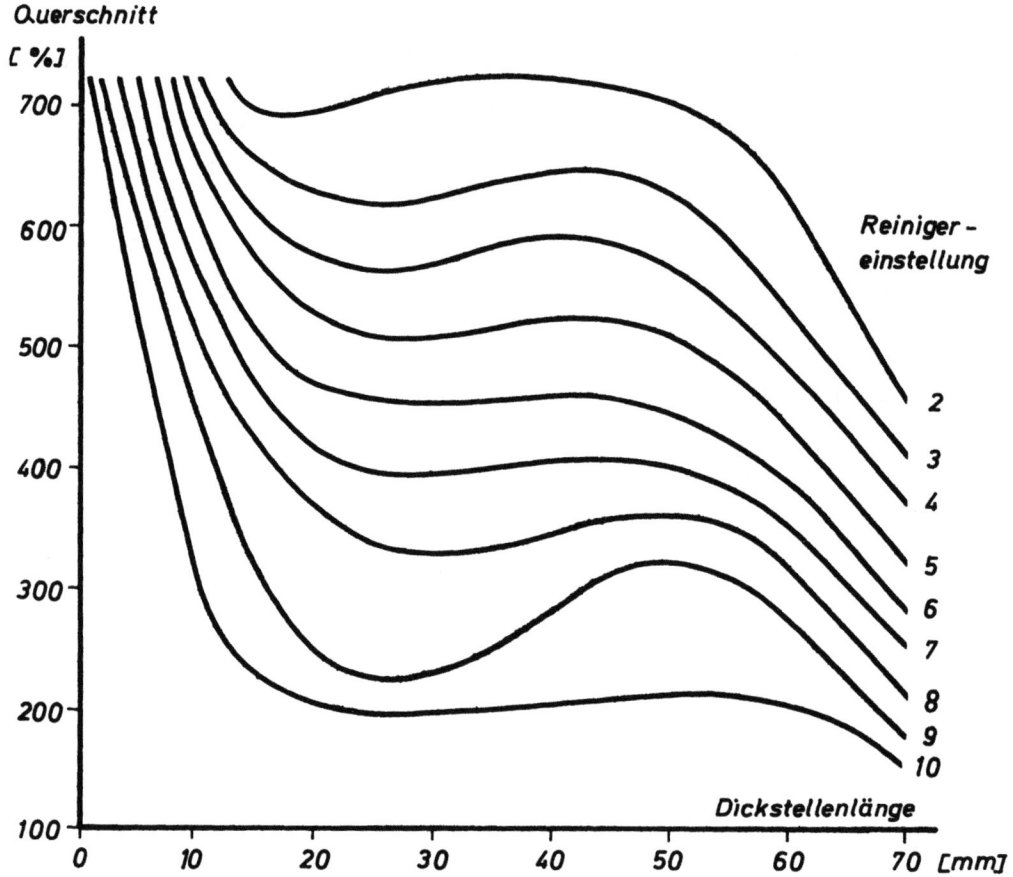

Abb. 23: Ansprechkennlinien des Kundert-Reinigers v = 700 m/min

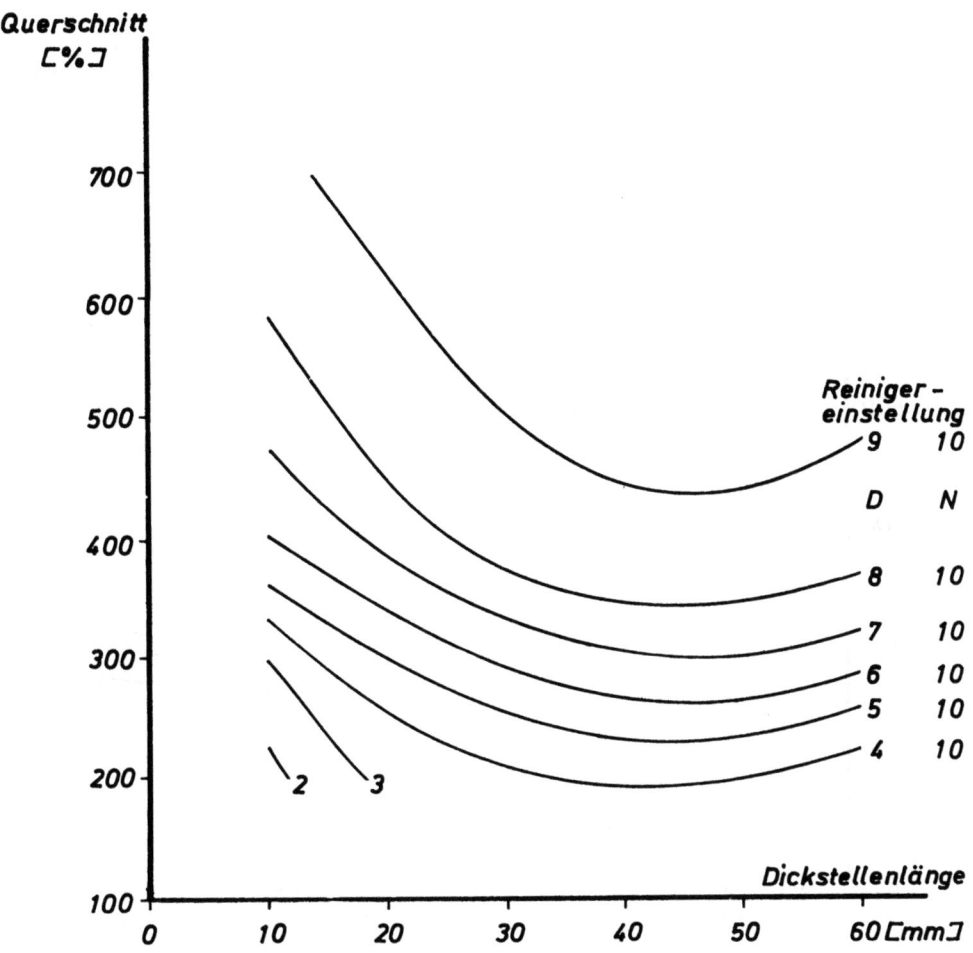

Abb. 24: Ansprechkennlinien des Loepfe-Reinigers
v = 400 m/min, N = 10
Einfluß der Einstellung "D"

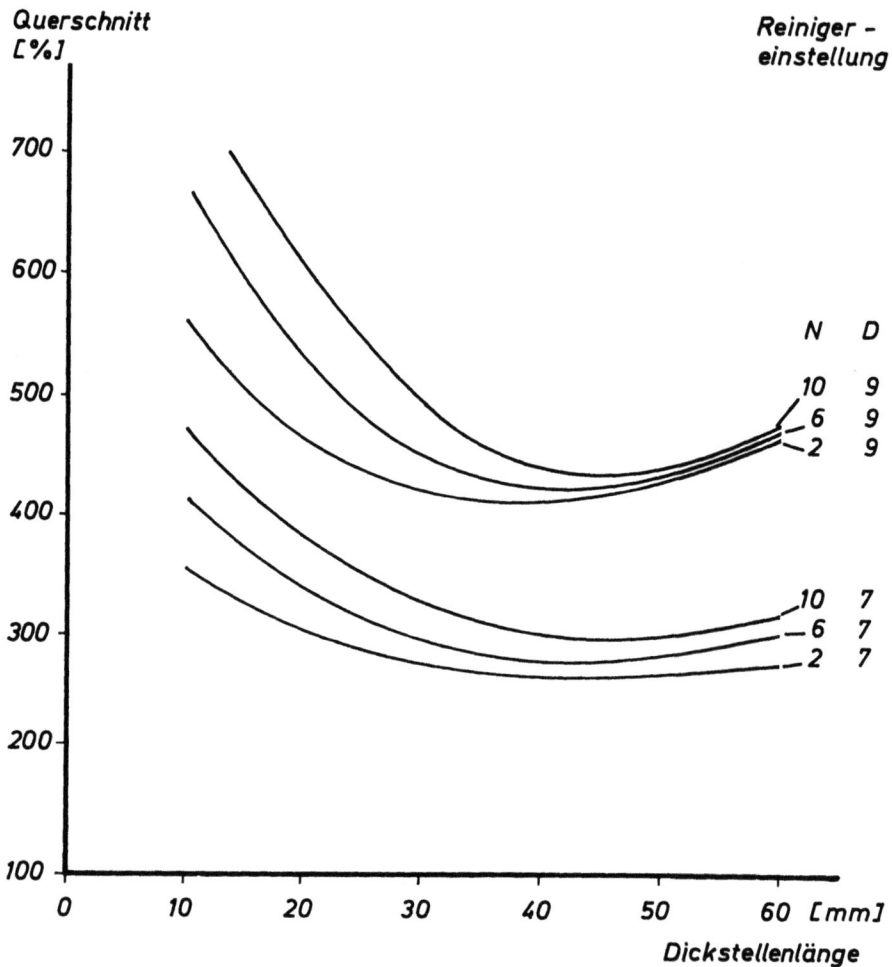

Abb. 25: Ansprechkennlinien des Loepfe-Reinigers
v = 400 m/min, D = 7 und 9
Einfluß der Einstellung "N"

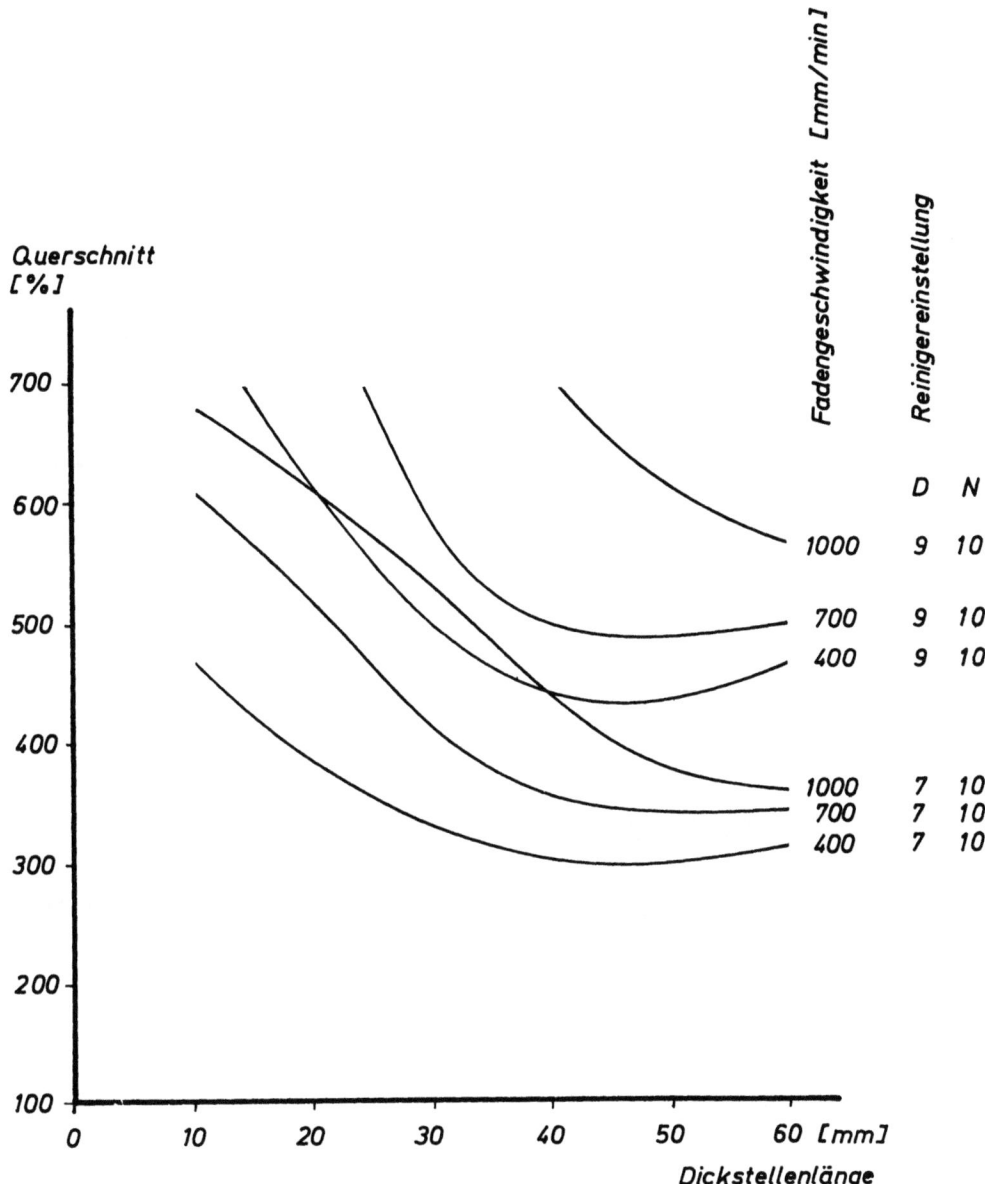

Abb. 26: Ansprechkennlinien des Loepfe-Reinigers
N = 10, D = 7 und 9
Einfluß der Fadengeschwindigkeit

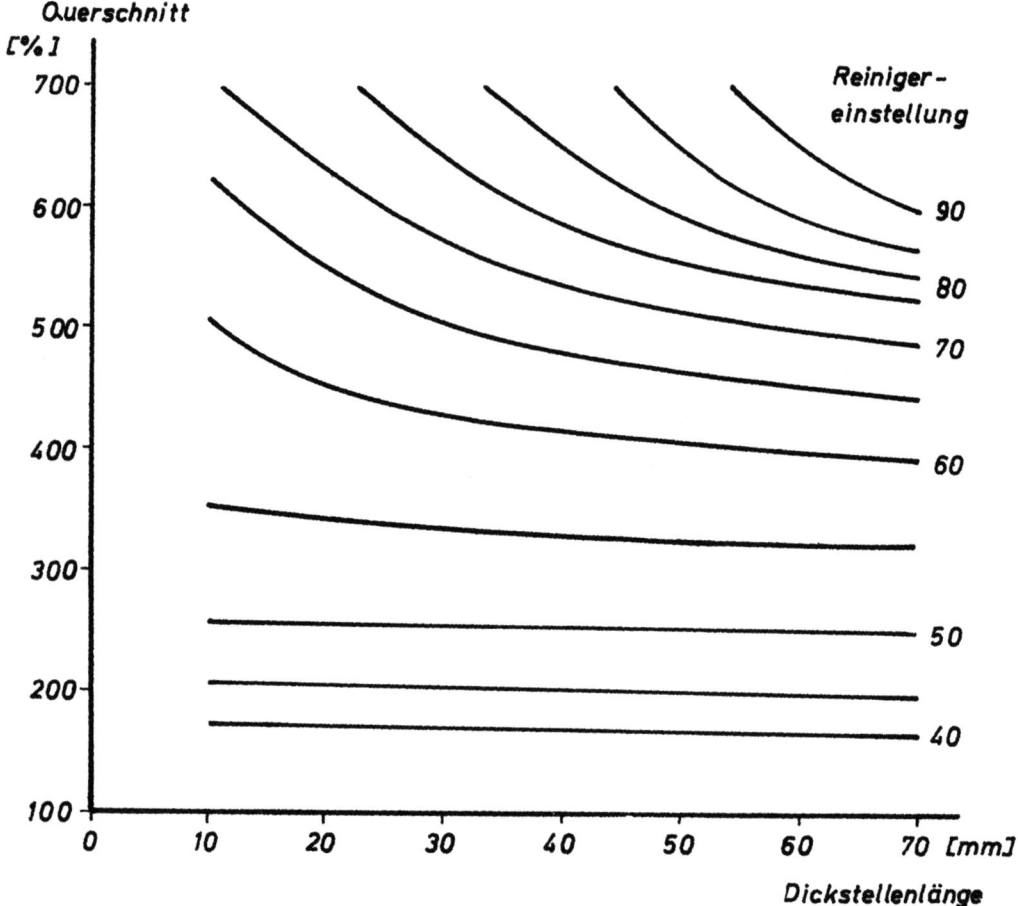

Abb. 27: Ansprechkennlinien des Newmark-Reinigers
v = 700 m/min

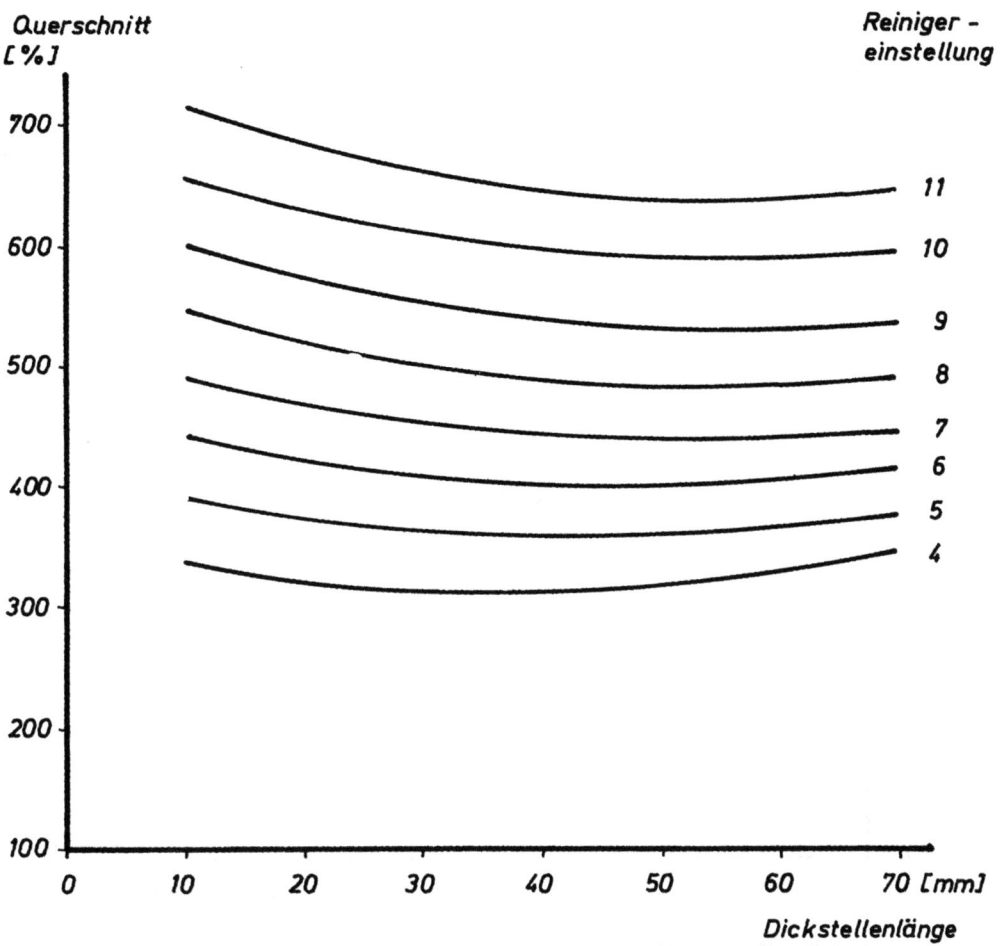

Abb. 28: Ansprechkennlinien des Peyer-Reinigers
v = 700 m/min

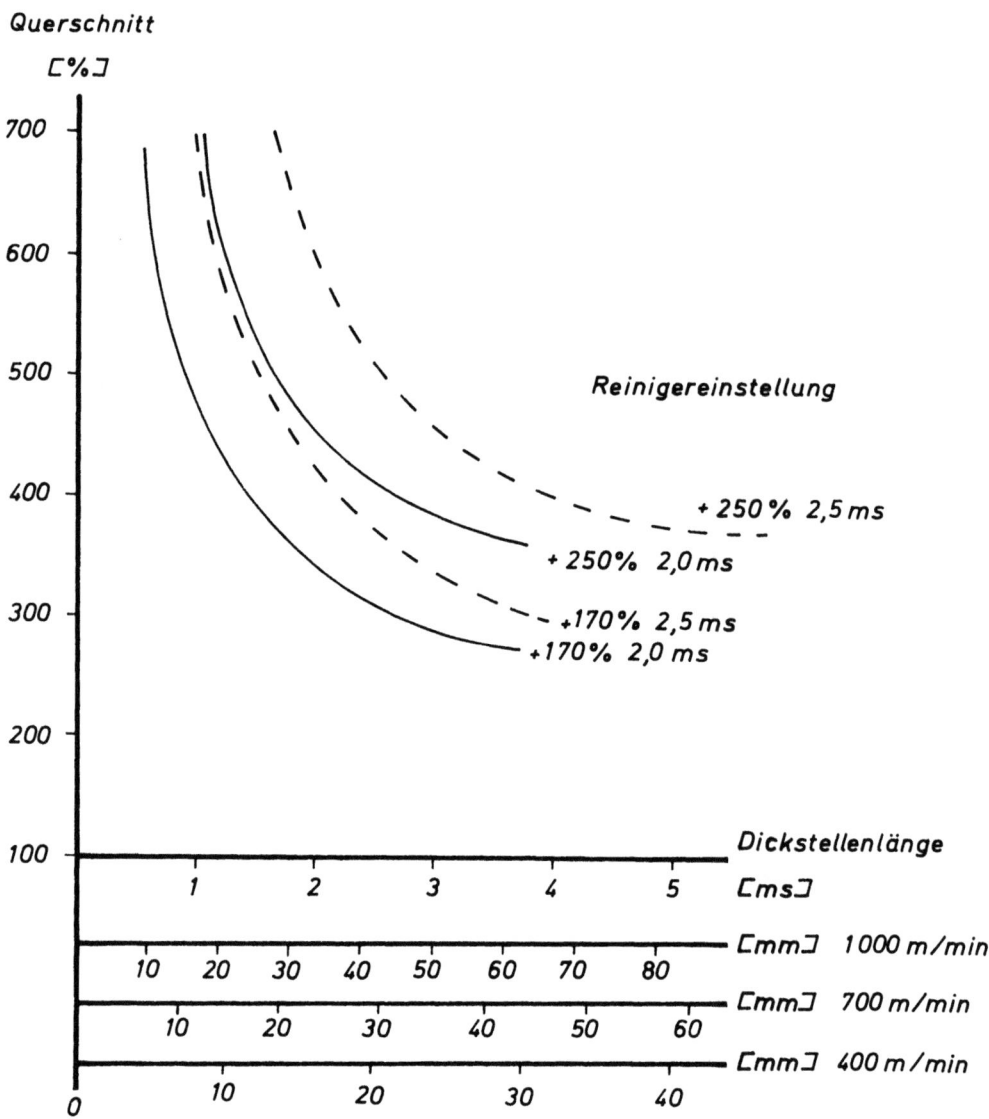

Abb. 29: Ansprechkennlinien des Zellweger-Reinigers

Forschungsberichte des Landes Nordrhein-Westfalen

Herausgegeben im Auftrage des Ministerpräsidenten Heinz Kühn
vom Minister für Wissenschaft und Forschung Johannes Rau

Sachgruppenverzeichnis

Acetylen · Schweißtechnik
Acetylene · Welding gracitice
Acétylène · Technique du soudage
Acetileno · Técnica de la soldadura
Ацетилен и техника сварки

Arbeitswissenschaft
Labor science
Science du travail
Trabajo científico
Вопросы трудового процесса

Bau · Steine · Erden
Constructure · Construction material ·
Soilresearch
Construction · Matériaux de construction ·
Recherche souterraine
La construcción · Materiales de construcción ·
Reconocimiento del suelo
Строительство и строительные материалы

Bergbau
Mining
Exploitation des mines
Minería
Горное дело

Biologie
Biology
Biologie
Biologia
Биология

Chemie
Chemistry
Chimie
Quimica
Химия

Druck · Farbe · Papier · Photographie
Printing · Color · Paper · Photography
Imprimerie · Couleur · Papier · Photographie
Artes gráficas · Color · Papel · Fotografía
Типография · Краски · Бумага · Фотография

Eisenverarbeitende Industrie
Metal working industry
Industrie du fer
Industria del hierro
Металлообрабатывающая промышленность

Elektrotechnik · Optik
Electrotechnology · Optics
Electrotechnique · Optique
Electrotécnica · Optica
Электротехника и оптика

Energiewirtschaft
Power economy
Energie
Energía
Энергетическое хозяйство

Fahrzeugbau · Gasmotoren
Vehicle construction · Engines
Construction de véhicules · Moteurs
Construcción de vehículos · Motores
Производство транспортных средств

Fertigung
Fabrication
Fabrication
Fabricación
Производство

Funktechnik · Astronomie
Radio engineering · Astronomy
Radiotechnique · Astronomie
Radiotécnica · Astronomía
Радиотехника и астрономия

Gaswirtschaft
Gas economy
Gaz
Gas
Газовое хозяйство

Holzbearbeitung
Wood working
Travail du bois
Trabajo de la madera
Деревообработка

Hüttenwesen · Werkstoffkunde
Metallurgy · Materials research
Métallurgie · Matériaux
Metalurgia · Materiales
Металлургия и материаловедение

Kunststoffe
Plastics
Plastiques
Plásticos
Пластмассы

Luftfahrt · Flugwissenschaft
Aeronautics · Aviation
Aéronautique · Aviation
Aeronáutica · Aviación
Авиация

Luftreinhaltung
Air-cleaning
Purification de l'air
Purificación del aire
Очищение воздуха

Maschinenbau
Machinery
Construction mécanique
Construcción de máquinas
Машиностроительство

Mathematik
Mathematics
Mathématiques
Matemáticas
Математика

Medizin · Pharmakologie
Medicine · Pharmacology
Médecine · Pharmacologie
Medicina · Farmacología
Медицина и фармакология

NE-Metalle
Non-ferrous metal
Metal non ferreux
Metal no ferroso
Цветные металлы

Physik
Physics
Physique
Física
Физика

Rationalisierung
Rationalizing
Rationalisation
Racionalización
Рационализация

Schall · Ultraschall
Sound · Ultrasonics
Son · Ultra-son
Sonido · Ultrasónico
Звук и ультразвук

Schiffahrt
Navigation
Navigation
Navegación
Судоходство

Textilforschung
Textile research
Textiles
Textil
Вопросы текстильной промышленности

Turbinen
Turbines
Turbines
Turbinas
Турбины

Verkehr
Traffic
Trafic
Tráfico
Транспорт

Wirtschaftswissenschaften
Political economy
Economie politique
Ciencias económicas
Экономические науки

Einzelverzeichnis der Sachgruppen bitte anfordern

 Springer Fachmedien Wiesbaden GmbH

MIX
Papier aus verantwortungsvollen Quellen
Paper from responsible sources
FSC® C105338

If you have any concerns about our products,
you can contact us on
ProductSafety@springernature.com

In case Publisher is established outside the EU,
the EU authorized representative is:
**Springer Nature Customer Service Center GmbH
Europaplatz 3, 69115 Heidelberg, Germany**

Printed by Libri Plureos GmbH
in Hamburg, Germany